AB SEITE 78

VÖGEL

Gestalte deine Beobachtungstouren in die Natur stets rücksichtsvoll und störe die Wildtiere dabei nicht. Ihr Wohl steht immer an erster Stelle.

@PATRICKDOGVILLAGE
PATRICK HUNDORF

TIERE BEOBACHTEN

— MIT DEM WILDTIER-GUIDE

So entdeckst du wilde Tiere

KOSMOS

INHALT

Das kostenlose Extra:
Die App KOSMOS-PLUS
Anleitung auf Seite 200

SCHON MAL EINEN WIEDEHOPF GESEHEN?

Ein tolles Erlebnis! Wie bereits der Zoologe Konrad Lorenz sagte: „Man schützt nur, was man liebt – man liebt nur, was man kennt."

Wunder der Vielfalt

Die Welt ist voller Leben. Wie viele verschiedene Arten es genau auf der Welt gibt, ist gar nicht bekannt. Neue Schätzungen gehen von ca. 8,7 Millionen Tierarten aus, ein großer Teil davon ist noch unentdeckt.

Mit ca. 48.000 verschiedenen Tierarten ist Deutschland vergleichsweise artenarm. Dennoch weist auch diese Zahl eine große Artenvielfalt hin. Biodiversität bezeichnet die Vielfalt und Variabilität des Lebens in einem bestimmten Lebensraum. Sie umfasst die genetische Vielfalt innerhalb einer Art, die Vielfalt verschiedener Arten und die Vielfalt der Lebensräume. Damit bildet sie die Lebensgrundlage für uns Menschen, in dem sie z. B. Nahrung, Medizin und Rohstoffe sicherstellt.

KIPPPUNKTE

Zwar macht sich das Artenschwinden von einigen wenigen Arten in einem Ökosystem nicht direkt für uns bemerkbar, dennoch gehen Forschende davon aus, dass unser gesamtes Ökosystem zusammenbrechen kann, wenn ein bestimmter Kipppunkt erreicht wird. Damit geht eine Zerstörung unserer gemeinsamen Lebensgrundlage einher. Das fragile System lässt sich mit dem Spiel „Jenga“ vergleichen: Je mehr Holzklötze aus dem Turm herausgezogen werden, desto instabiler wird dieser, bis er irgendwann in sich zusammenbricht.

EINZIGARTIG

Neben dem lebenserhaltenden Wert für uns Menschen, gibt es eine weitere bedeutungsvolle Perspektive auf die Biodiversität. Jede Tierart auf unserem Planeten hat einen emotionalen Wert: Ihr einzigartiges Aussehen, ihre Eigenschaften und die Möglichkeit für den Menschen, diese in der Natur erleben zu dürfen. Hast du schon einmal bewegende Momente in der Natur erlebt? Verbindest du Erinnerungen mit einer bestimmten Tierart? Dann kannst du das sicherlich nachvollziehen.

ERLEBEN UND SCHÜTZEN

Außerdem hoffe ich, dass unsere Kinder und Enkel auch in Zukunft noch die Möglichkeit haben werden, diese einzigartige Natur und ihre Arten erleben zu dürfen. Erlebnisse in der Natur prägen maßgeblich unser Verhältnis zu ihr. Mein Buch soll hierzu einen Beitrag leisten. Es soll dir helfen, genau solche unvergesslichen Momente in der Natur zu erleben und dich gleichzeitig für ihren Schutz zu sensibilisieren. Denn Naturerleben ist auch ohne eine Störung der Tiere möglich.

ARTENAUSWAHL

In diesem Buch stelle ich eine Reihe verschiedener Tierarten vor. Vom großen Rothirsch bis zum kleinen Nashornkäfer: Aus der großen Vielfalt habe ich Arten ausgewählt, die mich im deutschsprachigen Raum besonders faszinieren. Die Auswahl zeigt nur punktuell, welche interessanten Vertreter es in den einzelnen Tiergruppen gibt. Sie stehen damit auch stellvertretend für viele andere. Die Beobachtungstipps machen dir hoffentlich Lust, dich auf die Suche nach weiteren Tierarten zu begeben und dich für ihren Schutz starkzumachen.

ABSTAND HALTEN IST UNSERE PFLICHT.

Rehe haben feine Sinne und bemerken uns meist eher als wir sie.

Beobachten ohne zu stören

Gestalte deine Unternehmungen in die Natur rücksichtsvoll und versuche, die Tiere nicht zu stören. Das Wohl der Wildtiere steht an allererster Stelle. Keine Beobachtung ist wichtiger als der Schutz der Tiere.

Nicht nur die fortschreitende Zerstörung der Natur hat einen negativen Einfluss auf unsere heimische Tierwelt. Spätestens seit der Corona-Pandemie wissen wir, dass auch die Freizeitnutzung einen enormen Druck auf Tierarten ausübt. Dabei sind dies längst nicht nur Freizeitgestaltungen, wie z.B. Skifahren, Mountainbiken, Paragliden u. v. m., die in sensiblen Gebieten negative Auswirkungen auf ganze Populationen haben können. Auch Menschen, die zum Fotografieren oder Vögelbeobachten raus in die Natur gehen, können die Tierwelt massiv stören, wenn sie sich rücksichtslos verhalten oder in Massen auftreten.

DAS WOHL DER TIERE

Zwar ist dieses Buch eine Anleitung zur Beobachtung verschiedenster Tierarten, dennoch soll es auch dafür sensibilisieren, dabei so rücksichtsvoll zu sein, dass die Tiere nicht gestört werden. Das Wohl der Wildtiere soll an allererste Stelle stehen. Keine Beobachtung ist so viel wert wie der Schutz der Tiere. Gerade als Wildtierfotograf oder Tierbeobachter sollten wir mit gutem Beispiel vorangehen. Konkrete Standorte von Beachtungsplätzen sollten aus Rücksicht nicht geteilt und verbreitet werden. Natürlich gibt es Ausnahmen. Orte, bei denen eine erhöhte Besucherfrequenz als unproblematisch eingeschätzt wird, nenne ich dir deswegen in diesem Buch. Solltest du selbst geeignete Beobachtungsplätze finden, ist es ratsam, sie zum Schutz der Arten und der Erhaltung ihrer Lebensräume nicht öffentlich zu teilen. Außerdem ist es wichtig, dass du vergangene Beobachtungen anschließend nochmal für dich reflektierst. Fällt dir auf, dass du eine Art in diesem Lebensraum störst, solltest du dir das ehrlich eingestehen und dich zurückziehen. Wichtig ist auch, Rücksicht auf sensible Phasen, wie die Brut- und Setzzeit, zu nehmen. Besonders empfindliche Standorte, wie die Fortpflanzungs- und Ruhestätten der Tiere, sind tabu. Sollten die Tiere dort erschreckt oder gestört werden, kann das im schlimmsten Fall dazu führen, dass sie diese Plätze aufgeben und ihre Brut abbrechen. Aber auch im Winter ist Vorsicht geboten: Die kalte Jahreszeit ist oft die schwerste für die Tiere. Durch Störungen verbrauchen sie unnötig lebenswichtige Reserven.

Für die Beobachtung aus der Entfernung ist ein Fernglas unerlässlich.

Recht und Gesetz

Wenn du Tiere beobachten und erleben möchtest, solltest du dich mit der Gesetzeslage vertraut machen. So machst du dich nicht versehentlich strafbar.

Die Tiere sind nicht nur auf unser Wohlwollen angewiesen, sondern werden zudem durch Gesetze geschützt, etwa durch das Bundesnaturschutzgesetz (BNatSchG) oder das Tierschutzgesetz (TierSchG). Zudem gibt es verschiedene Arten von Schutzgebieten mit eigenen Schutzbestimmungen.

SCHUTZGEBIETE

In Schutzgebieten wie Naturschutzgebieten oder Nationalparks gelten besonders strenge Regeln. Meist ist dort das Verlassen der Wege verboten. Laut Bundesnaturschutzgesetz sind alle Handlungen untersagt, die das Gebiet schädigen oder verändern. Zusätzlich gibt es für jedes Schutzgebiet eine eigene Verordnung mit individuellen Einschränkungen.

BETRETUNGSRECHT AUSSERHALB VON SCHUTZGEBIETEN

In Deutschland gilt das Recht auf Erholung, das auch das Betreten von Natur und Landschaft einschließt. Dabei muss die Natur pfleglich behandelt, sowie Rücksicht auf Tiere, Pflanzen und andere Erholungssuchende genommen werden. Zudem sind die Interessen von Grundstückseigentümern und Nutzungsberechtigten zu beachten.

BETRETEN DER FREIEN LANDSCHAFT

Nach § 59 des Bundesnaturschutzgesetzes darf die freie Landschaft grundsätzlich nur auf Wegen und Straßen betreten werden. Ungepflegte Flächen wie Ödland oder abgeerntete Felder dürfen ebenfalls betreten werden. Für landwirtschaftliche Nutzflächen gilt ein Betretungsverbot, etwa für Äcker zwischen Bestellung und Ernte sowie für Grünland während der Vegetationszeit. Diese Regelungen gelten unabhängig davon, ob die Flächen eingezäunt sind oder nicht.

WALD

Wälder dürfen grundsätzlich betreten werden, auch abseits von Wegen. Ausnahmen sind u. a. Naturverjüngungen, Pflanzgärten, Forstkulturen, Holzerntegebiete oder gesperrte Waldflächen, etwa zur Jagd. Wege solltest du dennoch nur verlassen, wenn Störungen der Tiere ausgeschlossen werden können.

JAGDLICHE EINRICHTUNGEN

Jagd- und forstwirtschaftliche Einrichtungen, z. B. Hochsitze, stehen oft an attraktiven Beobachtungspunkten, dürfen aber ohne Erlaubnis nicht betreten werden. Eine vorherige Absprache mit dem Jagdpächter ist daher notwendig.

BRUT- UND SETZZEIT

Je nach Bundesland beginnt die Brut- und Setzzeit zwischen dem 1. März und dem 1. April und endet zwischen dem 15. Juli und dem 30. Juli. In dieser Zeit ist besondere Rücksichtnahme erforderlich, da viele Tiere ihren Nachwuchs aufziehen. Störungen sollten unbedingt vermieden werden.

1

2

3

1 Du solltest unbedingt auf den Wegen bleiben. Manchmal ergeben sich auch hier sehr intensive Begegnungen. In Polen wurde ich von einem Wisent-Bullen überrascht, der plötzlich vor mir auf die Straße trat.

2 Für die Kennzeichnung von Naturschutzgebieten gibt es unterschiedliche Schilder, zum einen das Dreieck mit Seeadler oder ein Schild mit einer Eule. Die Gestaltung ist Ländersache.

3 Abstand halten gilt auch für Beobachtungen des Eisvogels. Zu schnell saust er sonst wieder davon.

ALLGEMEINER SCHUTZ VON TIEREN

Nach § 39 BNatSchG ist es verboten, wildlebende Tiere mutwillig zu beunruhigen oder sie ohne vernünftigen Grund zu fangen, zu verletzen oder zu töten und ihre Lebensstätten ohne vernünftigen Grund zu beeinträchtigen oder zu zerstören.

BESONDERS GESCHÜTZTE TIERARTEN

Nach § 44 BNatSchG ist es verboten, besonders geschützten Arten nachzustellen, sie zu fangen, zu verletzen oder zu töten. Auch das absichtliche Stören während Fortpflanzung, Aufzucht oder Winterruhe kann strafbar sein, wenn dadurch der Erhaltungszustand der Population gefährdet wird.

ANLOCKEN

Auch das Anlocken von Tieren durch Klangattrappen ist laut Bundesartenschutzverordnung verboten, da es erheblichen Stress verursacht. Besonders geschützte Arten und nicht dem Jagd- oder Fischereirecht unterliegende Wirbeltiere dürfen nicht mit elektronischen oder akustischen Lockmitteln angelockt werden. Wilde Tiere sollten zudem nicht angefüttert werden. Bei Wölfen ist das gesetzlich im § 45a Abs. 1 BNatschG verankert.

ALLES IM BLICK

Eulen, wie dieser kleine Sperlingskauz, können sowohl am Tag als auch in der Nacht sehr gut sehen.

Angepasstes Verhalten

Am besten verhältst du dich so, dass die Tiere dich gar nicht erst bemerken. Gar nicht so leicht! Wenn du aber die Sinne der Tiere kennst, kannst du dein Verhalten besser an die Situationen anpassen.

Die Tiere sollten dich während des gesamten Beobachtungsprozesses nicht bemerken: Los geht´s beim Annähern, dann natürlich während der Beobachtung und schließlich beim Verlassen des Ortes. Nur so sind auch zukünftige Sichtungen möglich und der Schutz der Tiere wird gewährleistet. Eine angepasste Bewegung in der Natur sowie das Verinnerlichen wichtiger Verhaltensweisen sind essenziell. Wissen über die Biologie, Sinne und das Verhalten der Arten erleichtert das erheblich. Dieses Buch zeigt dir, wie Begegnungen störungsfrei möglich sind.

DER SEHSINN

Viele Tiere, darunter Säugetiere und Vögel, verfügen über ein ausgezeichnetes Sehvermögen. Sie besitzen oft ein größeres Blickfeld, eine schärfere Sicht oder können bei Dunkelheit hervorragend sehen. Greifvögel, Eulen, Gänse, Wölfe, Rothirsche u. v. m. sehen besonders gut und reagieren sensibel bei der Sichtung von Menschen. Eine effektive Tarnung ist daher äußerst wichtig. Die menschliche Silhouette wird oft als Bedrohung wahrgenommen, daher sind Tarnanzüge, Kopfbedeckungen oder Tarnnetze nützlich. Verstecke wie Tarnzelte helfen ebenfalls. In Bewegung sollte man stets mit dem Hintergrund, wie z. B. dem Waldrand, laufen, um sich weniger abzuheben. Bei Kurven empfiehlt es sich, die Innenseite zu wählen, um nicht direkt in das Blickfeld eines Tieres zu geraten. Auch eine gebückte Haltung kann helfen, die menschliche Silhouette zu verschleiern. Grundsätzlich gilt: So wenig Bewegung wie möglich und diese nur langsam ausführen. Falls ein Tier auf dich aufmerksam wird, sollte die Bewegung sofort gestoppt werden, bis es sich wieder entspannt.

DER GERUCHSSINN

Säugetiere haben meist einen exzellenten Geruchssinn, der dem des Menschen weit überlegen ist. Sie nehmen Gefahren primär über Gerüche wahr. Riechen sie den Menschen, fliehen sie oft, bevor sie sichtbar werden. Die Windrichtung ist daher entscheidend. Sie kann durch Seifenblasen, spezielles Pulver oder feines Erdmaterial bestimmt werden. Auch leichte Samen oder Vegetation können hierbei helfen. Der Wind beeinflusst den Erfolg der Beobachtung erheblich. Prüfe den Wind immer wieder, da die Windrichtung von der Vegetation und der Topografie verschiedener Standorte beeinflusst werden kann. Sollte der Wind in Richtung des erwarteten Tieres wehen, trägt er den menschlichen Geruch direkt zu ihm. Dann solltest du einen anderen Standort zur Beobachtung wählen. Manche Tiere, wie Rothirsche, meiden Gebiete nach Störungen tagelang. Es gibt zwar Geruchsneutralisierer, die jedoch nicht immer wirksam sind. Es ist außerdem hilfreich, sich vor der Tour nicht frisch zu duschen und außerdem keine Deos und Parfums zu benutzen. Auch ist es sinnvoll, Outdoorkleidung mit geruchsneutralem Waschmittel zu waschen.

DER GEHÖRSINN

Viele Tiere hören sehr gut. Schon bei der Anreise solltest du Lärm deshalb vermeiden. Autotüren solltest du leise schließen, indem du sie zunächst nur angelehnst und dann vorsichtig zugedrückst. Auf dem Weg ins Zielgebiet solltest du nicht laut sprechen oder Musik hören. Kurz vor dem Beobachtungspunkt musst du dich lautlos anpirschen, idealerweise weit vor der besten Beobachtungszeit, also ca. 1,5 bis 2,5 Stunden vor der Morgen- oder Abenddämmerung.

RICHTIGES ANSCHLEICHEN

Beim Anpirschen ist geräuscharme Kleidung entscheidend. Naturmaterialien wie Wolle eignen sich oft besser als synthetische Stoffe. Falls du Kunstfaser trägst, sollte sie weich sein. Auch eine gute Passform ist wichtig.
Reibende Hosenbeine oder laute Schuhe können störend sein. Barfußgehen wäre optimal, ist aber oft nicht praktikabel. Stattdessen gehst du wortwörtlich am besten „auf leisen Sohlen".
Die Bewegung muss bewusst erfolgen: Nicht mit der Hacke, sondern mit der Fußspitze auftreten. Die Richtung sollte jederzeit veränderbar sein. Der leiseste Untergrund ist stets vorzuziehen. Auf einem Feldweg ist dies meist die Grasnarbe. Manchmal lassen sich knackende Äste oder Laub nicht vermeiden. Natürliche Geräusche beunruhigen Wildtiere weniger als unnatürliche, wie Plastik- oder Metallgeräusche. Auch Kameraauslöser können problematisch sein, weshalb ein elektronischer Verschluss vorteilhaft ist.

1

2

3

1 Tarnkleidung hilft, um, zum Beispiel am Waldrand, eins mit der Umgebung zu werden.

2 Der Geruchssinn des Fuchses ist sehr gut. Achte auf die Windrichtung. Der Wind sollte deinen Geruch nicht direkt zum Fuchs tragen.

3 Der Feldhase hat nicht nur ausgesprochen lange Löffel, er kann damit auch ausgezeichnet hören und Feinde frühzeitig wahrnehmen.

Kleine hochwertige Ferngläser können vor allem für Anfänger interessant sein. Sie sind oft besser als günstige große Gläser.

Hochwertige, lichtstarke Ferngläser ermöglichen auch noch in der Dämmerung und in der Nacht gute Sicht.

Optische Ausrüstung

Die Wahl der richtigen optischen Ausrüstung ist entscheidend für erfolgreiche Beobachtungen von Vögeln, Säugetieren und anderen Wildtieren.

Faktoren wie Vergrößerung, Objektivdurchmesser, Lichtstärke und Handhabung spielen bei der Wahl der Ausrüstung eine wesentliche Rolle. Hochwertige Ferngläser und Spektive verbessern sowohl die Sichtbarkeit von Details als auch Beobachtungen bei schlechten Lichtverhältnissen.

FERNGLAS

Ein gutes Fernglas ist das wichtigste Hilfsmittel für jegliche Tierbeobachtung. Es gibt Ferngläser mit verschiedenen Vergrößerungen und Objektivdurchmessern, wobei einige Modelle für spezielle Einsatzzwecke besonders geeignet sind.

Vergrößerung und Objektivdurchmesser

Die gebräuchlichsten Ferngläser für Tierbeobachtungen haben eine Vergrößerung um das 8- bis 12-fache. Modelle mit einer 8-fachen Vergrößerung (z. B. 8 × 42) bieten ein ruhigeres Bild und ein breiteres Sehfeld. Das ist z. B. vorteilhaft, um Tiere in Bewegung oder in dichter Vegetation zu verfolgen. 10 × 42- oder 10 × 50-Gläser sind ein guter Kompromiss zwischen Detailerkennbarkeit und Handlichkeit. Wer noch mehr Details auf weite Entfernungen erkennen möchte, greift zu 12 × 50- oder 12 × 56-Modellen. Kleine und kompakte Gläser (z. B. Swarovski Cl Curio 7 × 21) können gerade für Anfänger interessant sein. Hochwertige Ferngläser können trotz der geringen Größe hellere und detailreichere Bilder bieten als große günstige.

Lichtstärke und Dämmerungstauglichkeit

Besonders für die Beobachtung dämmerungs- und nachtaktiver Tiere wie Eulen, Wölfe oder Wildkatzen sind lichtstarke Ferngläser von Vorteil. Hier bieten Modelle mit größerem Objektivdurchmesser, z. B. 50 oder 56 mm, einen klaren Vorteil. Hochwertige Optiken wie die Swarovski SLC 10 × 56 oder das Swarovski NL Pure 10 × 52 nutzen Vergütungen, die den Anteil des reflektierten Lichts reduzieren, um selbst in der Dämmerung noch ein helles und kontrastreiches Bild zu liefern.

Beschaffenheit und Ergonomie

Neben optischer Leistung ist die Ergonomie entscheidend. Hochwertige Ferngläser mit Magnesiumgehäuse sind leichter und robuster. Gummierte Oberflächen sorgen für guten Halt, und eine Stickstofffüllung verhindert das Beschlagen der Linsen. Wer längere Zeit beobachten will, sollte zudem auf ein ausgewogenes Gewicht achten.

Mit Künstlicher Intelligenz

Ferngläser mit Künstlicher Intelligenz (KI) vereinen das Naturerlebnis mit intelligenter Technologie und hochpräziser Optik. Ferngläser mit integrierter KI identifizieren Vögel und andere Lebewesen und eignen sich damit besonders gut für Anfänger. Solche Geräte können außerdem Bilder und Videos aufnehmen. Über Apps können sie verwaltet und geteilt werden.

SPEKTIV

Spektive sind ideal, um Tiere auf größerer Distanz detailliert zu betrachten. Sie bieten Vergrößerungen zwischen 20-fach und 70-fach und eignen sich besonders für die Beobachtung von Greifvögeln, Wasservögeln oder Wildtieren in offenen Landschaften.

Objektivdurchmesser und Vergrößerung

Größere Objektive (85 bis 95 mm) bieten eine bessere Lichtausbeute und mehr Details, während kompakte Modelle (56 mm) leichter transportierbar sind, wie das Swarovski ATC. Die Vergrößerung sollte stufenlos regelbar sein, wobei 20- bis 60-fach-Zoom-Okulare besonders beliebt sind. Hochwertige Modelle, wie das Swarovski ATX/STX 95 liefern auch bei hohen Vergrößerungen gestochen scharfe Bilder.

FOTOGRAFIE

Zum Fotografieren eignen sich am besten spiegellose Systemkameras (DSLRS) mit elektronischem Verschluss. Bei der Tierfotografie sind in den meisten Fällen große Brennweiten (500 mm oder mehr) und Lichtstärken (Blende) wichtig. Es gibt gute Einstiegsmodelle mit 60- bis 600-mm-Zoom und einer guten Lichtstärke. Für Einsteiger bietet sich auch eine „Bridgekamera" mit großem Zoom an. Außerdem gibt es die Möglichkeit zum Digiscoping. Dabei werden Ferngläser oder Teleskope mit Smartphones durch einem Adapter kombiniert, um Fotos von Tieren aus großer Entfernung aufzunehmen.

STABILISIERUNG UND STATIVWAHL

Bei hohen Vergrößerungen ist ein stabiles Stativ unerlässlich. Karbonstative sind leicht und dennoch stabil, während Aluminiumstative robuster sind. Ein guter Stativkopf mit weicher Bewegung ist essenziell, um mit ruhiger Hand nach Tieren zu suchen.

WÄRMEBILD- UND NACHTSICHTGERÄTE

Wärmebildgeräte sind bei nachtaktiven oder getarnten Tieren entscheidend. Der Objektivdurchmesser beeinflusst die Bildqualität und Lichtempfindlichkeit. Geräte mit größerem Durchmesser (z. B. 50 mm) bieten detailliertere Bilder auch beim Zoom, sind jedoch schwerer und teurer. Kleinere Objektive (z. B. 25 mm) sind handlicher und bieten eine größere Übersicht, weisen allerdings eine geringere Reichweite und Bildqualität auf. Für die Beobachtung von Wildschweinen oder Rehen können kleine Geräte ausreichen, während für die Beobachtung von Vögeln und anderen Kleintieren große Geräte von Vorteil sind. Es gibt Kombigeräte, in denen neben Wärmebild- ein digitales Fernglas eingebaut ist, wie z. B. bei der Hikmicro-Habrok-Serie.

FAZIT

Die Wahl der richtigen optischen Ausrüstung hängt von den zu beobachtenden Tierarten und dem Einsatzgebiet ab. Wer oft in der Dämmerung unterwegs ist, sollte auf lichtstarke Ferngläser mit 50 oder 56 mm setzen. Für weit entfernte Tiere sind Spektive ideal. Ergonomie und Gewicht spielen eine ebenso wichtige Rolle, um lange Beobachtungen ermüdungsfrei zu gestalten. Wer sich mit hochwertigen Optiken ausstattet, wird mit gestochen scharfen Bildern und eindrucksvollen Erlebnissen belohnt. Für getarnte und nachtaktive Tiere ist ein Wärmebildgerät sehr wichtig. Allerdings ist hochwertige Optik teuer, und du musst entscheiden, was du bereit bist auszugeben. Daher können kleine hochwertige Gläser oder Allroundgläser ein guter Einstieg sein. Aber auch günstige Gläser sind natürlich noch besser als gar kein Fernglas.

BESTER DURCHBLICK

Ein Spektiv (oben) beschert dir eine starke Vergrößerung. Das hier gezeigte handliche Modell kommt sogar ohne Stativ aus. Ferngläser mit eingebauter Wärmebildkamera (unten) sind zum Lokalisieren von gut versteckten Tieren unersetzlich.

Gefährliche Tiere

Tiere sind in der Regel nicht gefährlich und haben oft mehr Angst vor uns als wir vor ihnen. Gefährliche Begegnungen mit Wildtieren können jedoch durch Fehlverhalten des Menschen entstehen.

Die Anzahl der potenziell gefährlichen Tierarten in unserer Heimat ist überschaubar. Um gefährliche Situationen zu vermeiden, solltest du grundlegende Verhaltensregeln beachten. Hier erfährst du, wie du dich richtig verhältst.

WOLF

Wölfe sind scheue Tiere, die Menschen meiden. Begegnungen unter 100 Metern sind selten. Wenn Wölfe sich nähern, handelt es sich oft um junge, neugierige Tiere. In solchen Fällen ist es wichtig, Ruhe zu bewahren und dem Wolf Rückzugsmöglichkeiten zu gewähren. Lautes Sprechen oder Klatschen kann helfen, das Tier zu vertreiben. Panik und schnelles Weglaufen sind nicht ratsam, da dies den Verfolgungsinstinkt wecken könnte. Stattdessen sollte man sich langsam zurückziehen und Blickkontakt halten. Wölfe sollten auf keinen Fall gestreichelt oder gefüttert werden.

WILDSCHWEIN

Wildschweine sind grundsätzlich keine gefährlichen Tiere, können aber in Ausnahmefällen gefährlich werden. Um solche Situationen zu vermeiden, solltest du einige Regeln beachten: Nutze offizielle Wege und umgehe dichte Einstände. Meide Wälder in der Nacht und in der Dämmerung. Wildschweine sind meist scheu und flüchten frühzeitig. Gefährlich wird es, wenn sie überrascht oder in die Enge getrieben werden. Besondere Vorsicht ist geboten, wenn dir eine Bache mit Frischlingen begegnet. Bei Drohgebärden wie Schnaufen, ein aufgestellter Schwanz oder Klappern mit den Zähnen, solltest du Abstand halten und dich langsam zurückziehen. Im Falle eines Angriffs ist es ratsam, Schutz auf einem Baum oder einer Erhöhung zu suchen.

KREUZOTTER

Die Kreuzotter gehört zu den wenigen giftigen Schlangen in Deutschland. Bisse erfolgen in der Regel nur bei Bedrohung oder Überraschung. Sollte es zu einem Biss kommen, ist es wichtig, Ruhe zu bewahren. Die meisten Bisse verlaufen harmlos, es kann jedoch zu Schwellungen oder Übelkeit kommen. In seltenen Fällen kommt es auch zu schwerwiegenden Reaktionen. Erste-Hilfe-Maßnahmen umfassen das Ruhighalten des gebissenen Körperteils und das Entfernen von enganliegender Kleidung. Bei schweren Bissen sollte der Notruf (Telefon 112) kontaktiert werden. Die Heilung erfolgt in der Regel komplikationslos. Trotzdem sollte die Bissstelle im Auge behalten und im Zweifelsfall ein Arzt aufgesucht werden.

ZECKEN

Zecken sind kleine, aber gefährliche Tiere, die einige ernsthafte Krankheiten übertragen können, wie z. B. die Frühsommer-Meningoenzephalitis (FSME) und Borreliose. FSME tritt vor allem in

1

2

3

1 Die Wahrscheinlichkeit ist gering, dass du einen Wolf so aus der Nähe sehen kannst. Zieh dich langsam zurück und halte den Blickkontakt.

2 Wildschweine können in Ausnahmefällen gefährlich werden. Greift dich ein Schwein an, klettere rasch auf einen Baum.

3 Zecken kommen mancherorts zahlreich vor. Abwehrmittel helfen nur bedingt. Dichte Kleidung und sorgfältiges Absuchen der Haut sind notwendig.

Süddeutschland, Österreich und der Schweiz auf. Nicht nur in Risikogebieten ist eine Impfung daher ratsam. Bei Borreliose ist ein schnelles Handeln wichtig. Treten Symptome, wie z. B. eine Wanderröte auf der Haut auf, solltest du einen Arzt aufsuchen und von dem Zeckenbiss berichten. Um Zeckenstichen vorzubeugen, solltest du körperbedeckende Kleidung tragen und dich nach dem Aufenthalt im Freien gründlich nach Zecken absuchen. Zecken sitzen gerne an warmen Körperstellen, wie z. B. die den Achseln oder Leisten. Bei einem Zeckenbiss ist es wichtig, die Zecke schnell zu entfernen und die Wunde zu desinfizieren. Wenn ein Teil des Kopfes stecken bleibt, ist dass meist nicht problematisch. Nichtsdestotrotz sollte auch hier die Bissstelle im Auge behalten und im Zweifel ein Arzt kontaktiert werden.

Was dir noch helfen kann

Tiere zu finden und zu beobachten, ohne sie zu stören, ist eine Kunst, die viel Übung und Erfahrung erfordert. Ich habe aber einige Tipps für dich, wie es dir zunehmend besser gelingen wird.

Eine wichtige Voraussetzung ist, dass du dich intensiv mit der jeweiligen Tierart auseinanderzusetzt, indem du beispielsweise über sie recherchierst. Bücher, Studien und Online-Beiträge bieten wertvolle Informationen, die helfen, die Tiere besser zu verstehen und aufzuspüren.

SPUREN

Spuren sind entscheidende Hinweise auf die Anwesenheit von Tieren. Das können Trittsiegel, aber auch Kot, Bauten, Fraßspuren, Haare oder Beutereste sein. Das Lesen und Deuten von Spuren ist anspruchsvoll und erfordert Übung. Gute Literatur dient zur Unterstützung. Nasses Wetter oder Schnee sind ideal, um Trittsiegel zu erkennen. Die Anzahl und Frische der Spuren geben Aufschluss über die Aktivität der Tiere an einem Standort, was für die Beobachtung entscheidend ist.

PLATTFORMEN IM NETZ

Im Internet gibt es Verbreitungskarten, die Hinweise auf Artenvorkommen geben. Für Vögel sind Meldeplattformen wie „Ornitho" hilfreich, wo Ornithologen ihre Sichtungen teilen können. Auch Nutzende sollten eigene Beobachtungen melden, um ein ausgewogenes Geben und Nehmen zu fördern. Eine ähnliche Plattform für Vögel und andere Tierarten ist observation.org.

1

2

1 Das Trittsiegel vom Dachs ist markant. Die Abdrücke der langen und kräftigen Krallen sind gut zu erkennen.

2 Auf Spurensuche im Rapsfeld: Spuren verraten, wer zuletzt hier war.

3

3 Aus der Luft lassen sich Landschaften und angrenzende Lebensräume gut ausmachen. Es lohnt sich, mit Google Maps & Co. nach geeigneten Beobachtungsorten zu suchen.

4 Gemeinsame Erlebnisse schweißen zusammen. Es macht Spaß, mit Kindern die Natur zu entdecken. Mit ihrer Neugier entdecken sie häufig Interessantes, was die Großen übersehen.

4

LANDSCHAFTEN UND LUFTBILDER

Wer sich mit den Lebensräumen der Tiere beschäftigt hat, kann durch Luftbilder, etwa von Google Maps, geeignete Beobachtungsorte identifizieren. Vor Ort ist es wichtig, die Landschaft aus der Perspektive der gesuchten Tierart zu lesen. Mit Erfahrung erkennt man Potenziale in Gebieten, wie Randstrukturen von Wäldern für Rehe, Gewässer für Amphibien oder Steinbrüche für Uhus.

RESPEKTVOLLER UMGANG

Das Recht, die Natur zu nutzen, gilt für alle, sofern sie sich an geltende Gesetze halten. Dazu zählen beispielsweise Fotografen, Angler, Jäger, Mountainbiker und Wanderer. Ein respektvoller Umgang ist unerlässlich. Fehlverhalten sollte freundlich angesprochen und gegebenenfalls den Behörden gemeldet werden. Anmerken möchte ich auch, dass bei Anbietern von Fotosafaris auf Seriosität geachtet werden muss.

SCHUTZ

Wer Freude an der Natur hat, sollte sich auch für ihren Schutz einsetzen. Tiere, Pflanzen und Lebensräume sind gefährdet. Es gibt zahlreiche Möglichkeiten, sich aktiv für den Naturschutz zu engagieren, wie etwa durch Landschaftspflegemaßnahmen, Monitoring oder Müllsammeln. Naturschutzvereine und andere Institutionen suchen stets Ehrenamtliche, die mithelfen wollen.

NATUR ERLEBEN

Kinder sollten frühzeitig die Bedeutung der Natur kennenlernen. Erlebnisse in der Natur prägen sie und fördern die Verbundenheit zur Umwelt. Es ist sinnvoll, bei gemeinsamen Entdeckungsreisen in der Natur unvergessliche Erinnerungen zu schaffen. Naturschutzvereine bieten häufig Aktionen oder Gruppen für Kinder und Jugendliche an, die sich für die Natur interessieren oder für sie einsetzen möchten. Erkundige dich in deiner Region.

DIE TIERARTEN

DAS REH

Das Reh ist unsere kleinste Hirschart. Es gehört zu den Trughirschen, einer Unterfamilie der Hirsche, und ist näher mit dem Elch verwandt als mit dem Rothirsch.

STECKBRIEF

Wiss. Name:
Capreolus capreolus
Schulterhöhe: 60–75 cm
Gewicht: 17–25 kg
Lebensdauer:
bis 12 Jahre, selten älter
Aktivität: tag- und nachtaktiv, v. a. Morgen- und Abenddämmerung
Gefährdung:
nicht gefährdet

001

WISSENSWERTES

Das Reh ist die häufigste Hirschart in Deutschland, der Bestand wird auf 2,5 Millionen geschätzt. Als Kulturfolger profitiert es von der Landnutzungsänderung. Das bedeutet, dass sich die Intensivierung der Landwirtschaft und die damit verbundene Verfügbarkeit von nährstoffreichen Pflanzen positiv auf die Bestände auswirkt. Auch wenn Rehe nicht gefährdet sind, sollten auch sie nicht gestört werden. Rehe werden aber häufig durch Menschen, den Verkehr und freilaufende Hunde gestresst. Aus diesem Grund sollten wir Störungen auf ein Minimum reduzieren, besonders im Winter und im zeitigen Frühjahr.

Rehböcke nutzen kleine Bäume und Sträucher zum Fegen des Geweihs. Die Spuren davon kannst du finden.

VORKOMMEN

Rehe besiedeln nahezu alle Lebensräume in Deutschland. Sie können in Wäldern, Mooren, im Gebirge (bis 3.000 m Höhe) sowie in Auen und Agrarlandschaften angetroffen werden. In gut strukturierten Offenlandschaften sind sie deutlich häufiger als in reinen Waldgebieten. Ihr Aktionsradius ist mit 10 bis 30 Hektar im Jahresverlauf klein.

VERHALTEN

Bei Rehen ist der Geruchssinn am besten ausgeprägt. Sie können Menschen bereits auf Entfernungen von 300 bis 400 Meter riechen. Deswegen ist es bei der Beobachtung von Rehen besonders wichtig, auf die Windrichtung zu achten.
Im Gegensatz dazu können Rehe schlechter sehen. Besonders unbewegte Objekte können sie nur schlecht wahrnehmen. Bemerken

1

1 Ab Ende April werden die Kitze geboren.

2 Rehe sind Einzelgänger und nur in der Paarungszeit und im Winter zusammen.

3 Schneisen im Mais eignen ich gut für Beobachtungen.

2

3

> **MEIN TIPP**
>
> Am besten beobachtest und fotografierst du Rehe im Frühling, Sommer und Winter. Dabei ist die Morgen- und Abenddämmerung ihre aktivste Zeit. Suche dir Lichtungen, Felder und Wiesen an Waldrändern und Hecken. Bei geeigneten Windbedingungen und gut getarnt wartest du dort darauf, dass sie sich aus ihrem Versteck herauswagen.

Rehe eine Anomalie, richten sie ihren Kopf oft zur Seite, sichern dann mit langgestrecktem Hals und stapfen dabei ein paar Mal auf den Boden. In diesem Fall sollte man besonders vorsichtig sein. Steht der Wind gut und bewegt man sich nicht, kehrt das Reh mit etwas Glück in den normalen Rhythmus zurück und flieht nicht.
Auch das Gehör ist gut ausgeprägt, allerdings reagieren Rehe unterschiedlich auf verschiedene Geräusche. So können sie sich auch an laute „unnatürliche" Geräusche, wie den Lärm von Autos, gewöhnen, werden aber von sehr leisen Geräuschen, wie dem Auslösen einer Kamera, in die Flucht geschlagen.

JAHRESZEIT UND TAGESZEIT

Rehe sind ursprünglich tagaktive Tiere. Während des Tages verbringen sie 6 bis 7 Stunden mit der Nahrungsaufnahme, dem Äsen, und dem Wiederkäuen. Diese Zeit teilt sich auf 8 bis 11 sogenannte Äsungsperioden auf. Im Winter ist die Zeit für die Nahrungssuche tendenziell etwas länger. Neue Ergebnisse zeigen, dass Rehe überwiegend (65 %) in der Dämmerung aktiv sind. Die Aktivität hängt aber stark von der Jahreszeit ab. Die besten Monate zur Beobachtung von Rehen habe ich im Anschluss aufgeführt.

April und Mai

Jetzt sind Rehe besonders aktiv, denn die kleinen Gruppen lösen sich auf. Junge Böcke suchen eigene Reviere, während ältere ihre Reviere verteidigen. Die Ricken ziehen mit den Weibchen aus dem letzten Jahr herum. Jetzt kann man Rehe sowohl früh am Morgen als auch in der Abenddämmerung gut beobachten. Das noch fehlende oder spärliche Laub erleichtert die Beobachtung in waldreichen Gebieten.

Ende Juli bis Mitte August

Je nach Region und Witterung ist nun Paarungszeit. Jetzt sind Rehe besonders aktiv und lassen sich den ganzen Tag über beobachten.

November bis Januar

Nach der Brunft leben Rehe sehr heimlich, dagegen werden sie zum Winteranfang wieder aktiver. Allerdings ändert sich ihr Tag-Nacht-Rhythmus deutlich. In dieser Zeit lassen sich Rehe deutlich besser in den frühen Morgenstunden beobachten, abends kommen sie erst sehr spät heraus. Wer gerne Rehböcke mit Geweih beobachten möchte, sollte eher im Frühjahr und Sommer auf die Suche gehen, da das Geweih ab Mitte Oktober abgeworfen wird.

WETTER

Rehe sind bei nahezu allen Wetterlagen unterwegs. Bei starkem Regen bleiben sie lieber im Bestand, kommen nach einem Regenfall aber gerne heraus. Bei starkem Wind meiden Rehe freie Flächen und bleiben bevorzugt im Bestand. In der Brunftzeit von Ende Juli bis Mitte August sind sie besonders bei heißem Wetter aktiv.

1

2

1 Während des Wachstums ist das Geweih von Bast umgeben.

2 Im Winter erkennst du das Geschlecht am „Spiegel“, dem weißen Fleck. Bei der Ricke ist er herzförmig, beim Bock nierenförmig.

3 Junge Böcke lassen sich meist an ihrer Statur und dem geraden Rücken erkennen.

3

BEOBACHTUNG UND AUSRÜSTUNG

Rehe lassen sich besonders gut an Randstrukturen beobachten, wo sie nach nährstoffreicher Nahrung suchen. Dazu gehören Wälder, Lichtungen, Auen, Wegränder, sowie Wiesen und Felder in offenen Landschaften.

Normale Ferngläser mit einer 8- oder 10-fachen Vergrößerung reichen für die Beobachtung bereits völlig aus. Ein Allround-Fernglas mit 42 mm Objektivdurchmesser genügt bei normalen Lichtverhältnissen. Da Rehe aber oft in der Dämmerung unterwegs sind, ist ein Glas mit besserer Lichtstärke (50 oder 56 mm) von Vorteil. Auch eine Wärmebildkamera zum Finden von geeigneten Plätzen im Dunkeln oder in Bereichen mit unübersichtlicher Deckung kann hilfreich sein. Wer Rehe fotografieren möchte, kann mit viel Brennweite und genügend Lichtstärke die besten Ergebnisse erzielen. Digitale Spiegelreflexkameras mit lautlosem elektronischem Auslöser sind ebenfalls von Vorteil.

DER ROTHIRSCH

Der Rothirsch wird wegen seiner Größe und seines beeindruckenden Geweihs auch König des Waldes genannt.

STECKBRIEF

Wiss. Name: *Cervus elaphus*
Schulterhöhe: 105–150 cm
Gewicht: 160–250 kg
Lebensdauer: bis 20 Jahre, selten älter
Aktivität: ursprünglich tagaktiv, aufgrund von Störungen überwiegend dämmerungs- und nachtaktiv
Gefährdung: nicht gefährdet, allerdings in Deutschland durch genetische Verarmung gefährdet

002

WISSENSWERTES

Anders als das Reh, gehört der Rothirsch zu den Echten Hirschen (Cervidae). In Deutschland leben ca. 220.000 bis 240.000 Tiere. Obwohl Rothirsche eigentlich Bewohner des Offenlandes sind, kommen sie heute bei uns fast ausschließlich in den großen Waldgebieten vor.

VORKOMMEN

In Deutschland ist das Vorkommen der Rothirsche lediglich auf 25 % der Gesamtfläche verteilt. Grund hierfür ist, dass sie in den meisten Bundesländern nur in gesetzlich ausgewiesenen Rotwildbezirken leben dürfen. Dies sind in der Regel große Wald- und Heidegebiete wie Eifel, Schwarzwald, Harz, Sächsische Schweiz, Lausitz, Lüneburger Heide, Erzgebirge und der Alpenraum. Besonders gut lassen sich die Hirsche auch in Fischland-Darß in Mecklenburg-Vorpommern beobachten. In Österreich verteilt sich die Verbreitung des Rothirsches auf ca. die Hälfte der Landesfläche, insbesondere auf den Alpenraum und die Donau-Auen. In der Schweiz war das Rotwild fast ausgerottet. Heute breitet es sich immer weiter von Süden nach Norden aus. Die größten Populationen sind in den südlichen Alpen zu sehen.

VERHALTEN

Rothirsche sind sehr störungsanfällig. Sie haben einen hervorragend ausgeprägten Geruchssinn. Sobald Rothirsche menschlichen Geruch wittern, fliehen sie. Außerdem hören sie exzellent. Sie können zudem besonders gut Bewegungen wahrnehmen. Regungslose Menschen können sie wiederum nicht so schnell erkennen. Da Rothirsche sowieso schon unter einem steigenden Besucherdruck in den ausgewählten Gebieten leiden, sollten sie nicht auch noch zusätzlich durch uns gestört werden. Sie reagieren auf Störungen sehr empfindlich. Es kann sein, dass sich die betroffenen Rothirsche Wochen bis Monate nicht mehr an dem Störungsort aufhalten.

1

Die Beobachtungspunkte solltest du daher sorgfältig aussuchen. Am wichtigsten ist es, die Windrichtung zu beachten, sich entsprechend zu tarnen und langsam zu bewegen. Der Beobachtungspunkt sollte sehr früh eingenommen und möglichst spät verlassen werden, um nicht von den Tieren bemerkt zu werden. Rothirsche gehen die Freiflächen zum Äsen in der Regel gegen den Wind an. Es ist wichtig, sich ruhig zu verhalten. Die Kleidung und Ausrüstung sollten entsprechend darauf angepasst sein.

2

JAHRESZEIT UND TAGESZEIT

Rothirsche sind ursprünglich tagaktiv. In Gebieten mit wenig Störung wechseln sich Ruhe- und Fresszeiten im Tagesrhythmus ab. Dieser Wechsel verläuft dann überwiegend von Sonnenaufgang bis Mitternacht. In Gebieten mit vielen Störungen (überwiegend in Deutschland) sind sie in der Morgen- und Abenddämmerung und nachts auf offenen Äsungsflächen, also Wiesen und Feldern, anzutreffen. Die Aktivität und die Wahrscheinlichkeit, einen Hirsch zu sehen, hängen zudem von der Jahreszeit ab.

April bis Juni

Hirsche und Hirschkühe leben in – nach Geschlechtern getrennten – Rudeln. Sehr junge Hirsche können sich auch den weiblichen Kahlwildrudeln anschließen. Aufgrund der kurzen Nächte kann man sie mit Glück noch bei Licht in der Morgen- und Abenddämmerung auf Freiflächen nach Nahrung suchen sehen.

1 Das Geweih von Rothirschen kann bis zu 15 kg schwer werden.

2 Nur anhand des Geweihes lässt sich das Alter eines Hirsches nicht erkennen.

1 In der Brunft verteidigt der Platzhirsch sein Kahlwildrudel. Das sind die weiblichen Tiere mit ihren Kälbern.

2 Am Anfang sind Hirschkälber gefleckt, das lässt im Alter nach.

3 Besonders die alten Rothirschkühe sind sehr aufmerksam.

4 Rothirschkälber werden ca. 10 Monate lang gesäugt.

3

4

Juli und August

Rothirsche, insbesondere die männlichen Tiere, bereiten sich in der sogenannten Feistzeit auf die bevorstehende Brunft vor, in der sie Fettreserven anlegen müssen. Dort sind vor allem die Rudel männlicher Hirsche, die sogenannten „Feisthirschrudel“ unterwegs. In dieser Zeit können die Hirsche sehr heimlich sein. Sie werden dann auch als Waldgespenst bezeichnet.

September

Die Brunft beginnt in Deutschland ungefähr Anfang bis Mitte September und dauert etwa zwei bis drei Wochen. Im Vergleich zu den südlichen Bundesländern beginnt sie in Mecklenburg-Vorpommern etwa 14 Tage früher. An den traditionellen Brunftplätzen treffen sich dann sowohl die weiblichen als auch die männlichen Rudel für die Brunft. In dieser Zeit lassen sich bei Rothirschen wohl die besten und spannendsten Beobachtungen machen. Die Wahrscheinlichkeit, die Tiere an ihren Brunftplätzen zu erleben, ist besonders in den Morgenstunden erhöht. Da männliche Rothirsche in dieser Zeit sehr auf die Brunft fokussiert sind, ist es wichtig, beim Begehen und Verlassen

1

2

des Platzes die weiblichen Tiere im Auge zu behalten. Brunftplätze sind aus Schutzgründen für Besucher gesperrt. Beobachtungen an den Brunftplätzen sind nur in Absprache mit den Jägern oder Förstern möglich. In bestimmten Gebieten gibt es Ausnahmen. Dort kann die Brunft ohne Störung erlebt werden.

WETTER

Wie auch die Rehe, verbleiben die Hirsche bei starkem Regen und Wind lieber in ihrem Bestand und meiden freie Flächen. In der Brunftzeit im September mögen es Hirsche gerne kalt. Eine optimale Aktivität besteht bei Nachtfrösten.

BEOBACHTUNG UND AUSRÜSTUNG

Hirsche lassen sich besonders gut in der Morgen- und Abenddämmerung bei der Nahrungssuche auf Freiflächen beobachten. Die Brunft bietet dafür die besten Chancen und spannendsten Beobachtungen, auch an den traditionellen Brunftplätzen. Allerdings leiden Rothirsche in Deutschland sehr unter massiven Störungen. Aus diesem Grund sollten Beobachtungen nur unter möglichst störungsfreien Bedingungen erfolgen. Brunftplätze sind aus diesem Grund oft nicht zugänglich, geheim oder gesperrt. Ein Brunftplatz darf nur unter strengen Bedingungen und nach Absprache mit den örtlichen Jägern oder Förstern aufgesucht werden.
Da Rothirsche in den meisten Fällen in der Dämmerung unterwegs sind, bietet sich ein lichtstarkes Fernglas an (50 mm Objektivdurchmesser oder mehr). Bei großen Freiflächen oder in Gebirgen kann auch ein Spektiv von Vorteil sein. Wärmebildkameras zum schnellen Finden der Tiere, auch in höherer Vegetation, sind ebenfalls gut geeignet. Beim Fotografieren ist eine hohe Lichtstärke, große Brennweite und nach Möglichkeit eine lautlose Kamera notwendig.

MEIN TIPP

Im Nationalpark Vorpommersche Boddenlandschaft kannst du tagsüber im Darßwald, auf den Dünen und im Flachwasser vor der Küste des Darß die Rothirschbrunft erleben – ohne Störung der Tiere, ganz legal. Auch der Beobachtungspunkt auf der Dreiborner Hochfläche bietet eine störungsfreie Beobachtung.

ZUR HIRSCHBRUNFT IN DIE MASUREN

Der Opa und die Onkel meines Cousins waren Förster in den Masuren, einer waldreichen Region im Nordosten Polens. Ich wollte unbedingt mal zur Brunftzeit der Hirsche dort sein.

Als Kinder verbrachten wir oft den Sommer bei den Großeltern meines Cousins in einem Jagdhaus in den Masuren, zehn Kilometer vom nächsten Dorf entfernt. Das Haus lag mitten im Wald, an einem See und an einer großen Lichtung. Wir badeten, angelten und begleiteten den Opa auf den Hochsitz. Besonders faszinierten uns die Rothirsche, die es in unserer Heimat nicht gab. Jeden Abend betrat ein Rudel die Lichtung, und wir versuchten, uns vorsichtig anzunähern.

BRUNFTZEIT

Ein besonderes Ereignis war die Hirschbrunft. In Polen erreichte sie Mitte September ihren Höhepunkt, doch wir verpassten sie meist, da wir nur in den Sommerferien kommen konnten. Als wir Jugendliche waren, ergab sich jedoch eine Gelegenheit, im Herbst in die Masuren zu reisen. Ohne Führerschein fuhren wir 15 Stunden mit dem Bus, doch die Vorfreude ließ die Zeit verfliegen. Vor Ort erwarteten uns gutes Essen von der Oma und Jagdgeschichten vom Opa. Wir wollten unbedingt die Hirsche bei der Brunft erleben. Ein bedeutender Brunftplatz lag nahe eines Sumpfes, nur wenige Kilometer vom Haus entfernt. Bereits am Abend unserer Ankunft hörten wir erste Rufe. Frühmorgens zogen wir los, durch Erlenbrüche und Sümpfe, immer dem mächtigen Röhren entgegen. Schließlich setzten wir uns an den Stammfuß einer alten Eiche. Die Sonne ging hinter uns auf, Nebel lag über der Sumpfwiese. Plötzlich hörten wir in der Nähe einen Hirsch. Wir suchten mit unseren Ferngläsern die Umgebung ab – erfolglos. Dann kam mir eine Idee: Ich begann, das Röhren zu imitieren. Sofort antwortete der Hirsch und trat aus dem Dickicht – nur wenige Meter von uns entfernt. Wir waren überwältigt. Der Hirsch schritt näher, blieb stehen, röhrte mit voller Kraft und zog sich dann langsam zurück. Auf dem Heimweg sprachen wir über nichts anderes. Doch als wir dem Opa davon erzählten, reagierte er wenig begeistert. Er erklärte uns, dass wir das Tier durch das Imitieren des Röhrens am Brunftplatz gestört hatten. Dieses Erlebnis prägte uns. Von da an beobachteten wir Wildtiere mit mehr Respekt und Achtsamkeit. Denn kein Erlebnis ist so viel wert, wie der Schutz unserer heimischen Tiere.

Der Hirsch trat aus dem Dickicht und röhrte lautstark.

DER ELCH

Nur die wenigsten wissen, dass die größte Hirschart langsam vom Osten her nach Deutschland zurückkommt.

STECKBRIEF

Wiss. Name:
Alces alces
Schulterhöhe:
bis 175–200 cm
Gewicht: 300–400 kg
Lebensdauer:
15–25 Jahre
Aktivität: tag-, dämmerungs- und nachtaktiv
Gefährdung:
extrem selten

003

WISSENSWERTES

In Deutschland kommt die europäische Unterart des Elches vor. Sie ist etwas kleiner als ihr nordamerikanischer Vertreter. Die Männchen bilden – im Gegensatz zu den amerikanischen Elchen – keine Schaufelgeweihe aus.

VORKOMMEN

Der Elch war in Deutschland lange Zeit ausgestorben, er kehrt jedoch langsam wieder zurück. Durch den Zuzug überwiegend aus Polen sind wenige Tiere mittlerweile auch in Deutschland heimisch. Da es bereits hier geborene Nachkommen gibt, gilt er nicht mehr als ausgestorben. In Polen selbst leben mittlerweile wieder ca. 30.000 Tiere. In Brandenburg und Mecklenburg-Vorpommern werden regelmäßig Elche gesehen. Ebenso gab es auch vermehrt Sichtungen in Sachsen und Bayern. Die Bestände sind noch klein, werden aber in Zukunft vermutlich ansteigen. Die Landschaft, besonders im Osten Deutschlands, bietet dafür gute Bedingungen. So werden in Zukunft Sichtungen wahrscheinlicher.

VERHALTEN

Elche sind scheue Tiere. Sie haben einen sehr guten Geruchsinn. Nehmen sie Witterung von Menschen auf, ergreifen sie in der Regel die Flucht. Auch ihr Gehör ist sehr gut ausgeprägt. Für sie potenziell gefährliche Geräusche können sie über große Entfernungen wahrnehmen und flüchten. Ihre Augen sind hingegen weniger gut ausgeprägt. In der Regel können sie nur bewegte Objekte gut erkennen. Wenn der Wind passt und du keine verdächtigen Geräusche machst, kann es sein, dass Elche nicht sofort flüchten, sondern in deine Richtung schauen und abwarten.

JAHRESZEIT UND TAGESZEIT

In der Regel sind Elche in der Dämmerung und in der Nacht unterwegs. Mitunter trifft man sie aber auch am Tag.

September und Oktober

Die Brunftzeit der Elche verläuft in der Regel von Anfang September bis Anfang Oktober. Die größte Aktivität besteht im September.

1

2

3

Während dieser Zeit herrscht viel Bewegung. Die sonst einzelgängerischen Männchen laufen auf der Suche nach Weibchen vermehrt umher. Deswegen sind gerade in Deutschland bei den noch geringen Dichten die Chancen, ein Tier zu sehen, zu dieser Zeit am höchsten.
Auf Usedom in Mecklenburg-Vorpommern wurde im Jahr 2024 in der Brunft ein junger Bulle am Strand gesichtet. Das Tier kam aus Polen. Elchbeobachtungen häufen sich. Die Chance, einen Elch zu sehen, ist aber in den nächsten Jahren wahrscheinlich nur im Osten möglich, besonders von jungen Männchen auf der Suche nach Weibchen.

WETTER

Elche sind bei allen Wetterlagen unterwegs. Starker Wind kann jedoch dazu führen, dass die Tiere in ihrer Deckung bleiben.

BEOBACHTUNG UND AUSRÜSTUNG

Elche in Deutschland zu sehen ist aufgrund ihrer noch sehr lückenhaften Verbreitung nicht leicht. Doch gerade im Osten Deutschlands steigt die Chance jährlich. Am besten eignet sich, wie oben beschrieben, die Zeit der Brunft. Wer Elche beobachtet, sollte ein lichtstarkes Fernglas mit sich führen. Auch eine Wärmebildkamera zur Lokalisierung der Tiere ist hilfreich. Zum Fotografieren ist sowohl eine lautlose Kamera als auch ein lichtstarkes Objektiv mit einer großen Brennweite, 500 mm oder mehr, empfehlenswert.

1 In der Brunft treffen oft verschiedene Bullen aufeinander.

2 Selbst Elchkühe können eine Schulterhöhe von 2 m erreichen.

3 Zwar bilden europäische Elche keine Schaufeln aus, ihr Geweih ist trotzdem beeindruckend.

DAS WILDSCHWEIN

Es ist die einzige heimische Schweineart bei uns. Nach fast vollständiger Ausrottung in den 50er-Jahren sind Wildschweine nun häufiger als damals.

STECKBRIEF

Wiss. Name:
Sus scrofa
Schulterhöhe:
bis ca. 100 cm
Gewicht: bis 200 kg
Lebensdauer:
bis 20 Jahre,
selten älter
Aktivität: durch Jagd und Störungen fast ausschließlich dämmerungs- und nachtaktiv; in bestimmten Gegenden auch bei Tag anzutreffen
Gefährdung:
nicht gefährdet

004

WISSENSWERTES

Das Wildschwein gehört zu den anpassungsfähigsten Tieren unserer Heimat. Anders als viele andere Tiere, hat es von der Intensivierung der Landwirtschaft profitiert. In Deutschland leben je nach Populationsschwankungen bis zu zwei Millionen Wildschweine. Insbesondere im Osten Deutschlands gibt es auch weißliche Wildschweine mit schwarzen Flecken. Diese resultieren wohl aus Kreuzungen von Wild- mit Hausschweinen, welche vermutlich Generationen zurückliegen.

VORKOMMEN

In Deutschland sind Wildschweine nahezu flächendeckend vertreten, mit Ausnahme der Alpen und den Inseln. In den östlichen Bundesländern und in den Mittelgebirgen gibt es mit Abstand die größten Bestände. In Berlin gibt es auch Vorkommen in der Stadt. Die Tiere dürfen unter keinen Umständen gefüttert werden. Ansonsten sind sie auch in großen Feldlandschaften anzutreffen, wenn entsprechende Versteckmöglichkeiten wie z. B. größere Wald- oder Schilfgebiete in der Nähe sind.

VERHALTEN

In den meisten Gebieten Deutschlands sind Wildschweine scheu. Ausnahmen sind die Wildschweine in Berlin und Umgebung, welche mittlerweile in die Stadt vorgedrungen sind. Wildschweine haben einen hervorragenden Geruchssinn. Bei der Beobachtung ist demnach in allererster Linie auf die Windrichtung zu achten. Auch das Gehör ist

1

2

ausgezeichnet ausgeprägt. Sie sind vor allem sehr sensibel gegenüber „unnatürlichen" Geräuschen, wie z. B. dem Klicken von Kameras oder dem Rascheln von Jacken. Wildschweine können zwar weniger gut sehen, dennoch sollte man sich in ihrer Nähe nur langsam fortbewegen und vor einem Hintergrund laufen, mit dem die menschliche Silhouette verschmelzen kann.

3

JAHRESZEIT UND TAGESZEIT

Ausgenommen von Wildschweinen, die in Städten oder stadtnahen Gegenden leben, sind die Tiere überwiegend dämmerungs- oder nachtaktiv. In größeren Wald- und Sumpfgebieten im Osten Deutschlands sind die Chancen, die Tiere am Tag zu sehen, höher. Zudem ist die Wahrscheinlichkeit, die Tiere in der Morgen- oder Abenddämmerung zu sehen, im Wald höher als auf dem freien Feld. Dort erscheinen sie in der Regel eher nachts.

Mai und Juni

In dieser Zeit sind bei uns die Nächte am kürzesten. Um genug Nahrung zu finden, sind Wildschweine daher oft schon in der Morgen- oder Abenddämmerung aktiv. Waldwege, Weizenfelder oder Wiesen in Waldnähe mit Wildschweinvorkommen bieten sich zur Beobachtung der Tiere an. Insbesondere Weizenfelder in der sogenannten „Milchreife" ziehen Wildschweine an. Milchreife heißt, dass das Korn noch hell, meist weiß und

1 Weiß gefleckte Wildschweine sind selten, im Osten etwas häufiger.

2 Wildschweine sind vor allem dort häufig, wo es für sie passende Wälder gibt.

3 Im zeitigen Frühjahr kannst du die gestreiften Frischlinge beobachten.

sehr weich ist, weil es von einer süßen Flüssigkeit gefüllt ist. Sie können dann gut in und um die Felder gesehen werden. Zudem haben die Bachen in dieser Zeit Frischlinge, die du auch mit etwas Glück beobachten kannst.

September und Oktober

Im Herbst sind Wildschweine häufig in und in der Nähe von Maisfeldern zu finden. Außerdem sind die Wildschweinrotten in dieser Zeit recht groß. Die Rotten können aus den schon größeren diesjährigen Frischlingen und älteren Tieren, den sogenannten „Überläufern" bestehen.

November bis Januar

Die Hauptpaarungszeit erstreckt sich in der Regel von November bis in den Dezember und bildet eine sehr aktive Zeit der Wildschweine ab. Kurz bevor die Bachen rauschig werden, stoßen die Keiler zu den Rotten. Sonst leben die Keiler als Einzelgänger. In dieser Zeit kann es auch zu Kämpfen unter den Keilern um die Weibchen kommen.

WETTER

Wildschweine sind bei jedem Wetter unterwegs. Bei starkem Wind bleiben sie oft im Wald. Plötzlich fallender Schnee kann ihre Aktivität zunächst einschränken. Die Tiere bleiben in Einstandsnähe und müssen sich zuerst an die Helligkeit gewöhnen. Bei nassem, regnerischem Wetter sind sie gerne unterwegs. Sauwetter ist Sauenwetter!

1 Waldwege und Schneisen eignen sich gut für Beobachtungen.

2 Abgesehen von den Keilern sind Wildschweine in Rotten unterwegs.

3 Auch Bachen, die weiblichen Wildschweine, haben „Hauer", aber kleinere.

BEOBACHTUNG UND AUSRÜSTUNG

Um Wildschweine zu beobachten, solltest du besonders in den frühen Morgenstunden oder in der Abenddämmerung unterwegs sein. Um sie noch bei Tageslicht zu sehen, bieten sich die Frühsommermonate mit kurzen Nächten an. Am besten solltest du deinen Beobachtungspunkt schon eine Stunde vor Sonnenaufgang aufsuchen. Dafür platzierst du dich optimalerweise in Bereichen

1

2

3

mit frischen Fraßspuren wie umgebrochenen Wie- sen oder Schäden in Weizen- oder Maisfeldern. Im Osten Deutschlands sind die Chancen, die Tiere am Tag zu sehen, höher. Auch an bekannten Wildwechseln an Forstwegen und am Rande von großen Schilfflächen kann man Glück haben. Wer die Tiere nur beobachten und nicht fotografieren will, kann auch in Mondnächten losziehen. Im Idealfall platzierst du dich im Herbst oder Winter in der Nähe von Stoppelfeldern oder Wiesen. Mit lichtstarken Ferngläsern (56 mm Objektivdurchmesser oder mehr) lassen sich die Tiere gut beobachten. Bei sehr starkem Vollmond verbleiben die Tiere oft im Mondschatten an dunklen Waldrändern. Damit du den Jagd- und Forstbetrieb nicht störst, solltest du insbesondere Nachtbeobachtungen mit den örtlichen Jägern oder Förstern abstimmen.

MEIN TIPP

Wenn du gerne Wildschweine beobachten oder fotografieren möchtest, solltest du dein Glück im Osten Deutschlands versuchen. Die Bestände sind dort besonders hoch. Alternativ kannst du dich auch in Berlin auf die Suche nach den Stadtwildschweinen machen.

DIE GAMS

Gämsen gehören zu der Familie der Hornträger, sind mit den Ziegen verwandt und leben ausschließlich in Gebirgslandschaften.

STECKBRIEF

Wiss. Name:
Rupicapra rupicapra
Schulterhöhe:
bis ca. 80 cm
Gewicht: bis 40 kg
Lebensdauer:
bis 20 Jahre
Aktivität: tagaktiv
Gefährdung:
nicht gefährdet

005

WISSENSWERTES

Gämsen sind perfekt an das Leben im Gebirge angepasst. Mit ihren Hufen können sie hervorragend klettern. Eine Gams kann sechs Meter weit springen und kann abwärts bis zu 50 Kilometer pro Stunde erreichen.

VORKOMMEN

Gämsen leben ausschließlich im Gebirge. Ihre Hauptverbreitung liegt in den Alpen Deutschlands, Österreichs und der Schweiz. Durch Aussetzungen gibt es auch nicht natürliche Populationen im Schwarzwald, der Sächsischen Schweiz sowie im Schweizer Jura.

VERHALTEN

Gämsen können exzellent sehen und riechen. Bei Gefahr pfeifen sie, was andere Tiere auf die Bedrohung aufmerksam macht oder zur Flucht führt. Bei menschlichen Begegnungen reagieren die Gämsen häufig weniger scheu und beobachten diese aus sicherer Entfernung, da die Tiere im Falle von Gefahr problemlos über steile Hänge und Wände flüchten können.

JAHRESZEIT UND TAGESZEIT

Gämsen sind fast ausschließlich tagaktiv. Ausnahmen bilden Gebiete mit sehr hoher Störung. Im Sommer können Gämsen über Tag auf die Schattenseiten der Berge wechseln und dort ruhen. Ihre Aktivität ist am Morgen und am Nachmittag am höchsten.

Juni bis August

Im Sommer leben insbesondere weibliche Tiere und ihre Geißen in großen, oft wechselnden Rudeln zusammen. Dort halten sie sich primär in den Hochlagen, in Latschen-, Geröllfeldern und Almmatten auf und suchen dort nach Nahrung. Gamsböcke sind in dieser Zeit allein unterwegs. Junge Böcke können auch kleine Rudel bilden. In der bevorzugten Tageszeit kann man sie vom Tal aus oder in der Nähe der Futterplätze gut beobachten.

November

Die Hauptbrunft findet in der Regel im November statt. In dieser Zeit herrscht viel Bewegung bei den Gämsen. Die Böcke verlassen ihre

Gämsen können gut an bewachsenen Hängen bei der Nahrungssuche beobachtet werden.

Einstände. Der „Platzbock" hält das weibliche Rudel zusammen und verteidigt es vor der Konkurrenz. Daraus können sich spannende Szenen ergeben.

Dezember bis Februar

Im Winter, vornehmlich bei viel Schnee, ziehen sich die Gämsen in die tieferen Gebirgslagen zurück. Dort kann man sie dann auch innerhalb der Baumgrenze in den Wäldern finden.

WETTER

Gämsen sind bei allen Wetterlagen unterwegs. Da Gämsen überwiegend im Hochgebirge leben, sollten Wanderungen, aus Gründen der eigenen Sicherheit, nur bei gutem Wetter erfolgen. Nebeltage sind folglich ungeeignet.

BEOBACHTUNG UND AUSRÜSTUNG

Gämsen können sehr gut in den Sommermonaten in den Hochlagen der Alpen beobachtet werden. Wer etwas Geduld und ein gutes Auge mitbringt, kann sie früher oder später auf einer abgelegenen alpinen Hochmatte entdecken. Mit etwas Glück kannst du sie auch aus geringer Entfernung beobachten. Bei ausreichendem Abstand zeigen sie bei Wanderern wenig Scheu. Wichtig: Die Wege nicht verlassen!
Da die Gämsen oft auf weite Entfernung erspäht werden müssen, ist ein Spektiv von Vorteil. Eine Wärmebildkamera kann dabei helfen, die Tiere schneller auszumachen. Wer die Gämsen in den Hochlagen besuchen will, sollte festes Schuhwerk und wetterfeste Kleidung tragen.

MEIN TIPP

Gämsen lassen sich in Deutschland sehr gut im Nationalpark Berchtesgaden beobachten. Im Gebiet des Schneibsteins kannst du von den Wanderwegen aus die Tiere mit Glück aus nächster Nähe beobachten.

DER STEINBOCK

Anfang des 19. Jahrhundert war der Alpensteinbock mit knapp 100 Tieren im Alpenraum fast ausgestorben. Heute besiedelt er wieder große Teile der Alpen.

STECKBRIEF

Wiss. Name: *Capra ibex*
Schulterhöhe: bis ca. 100 cm
Gewicht: 60 – 130 kg
Lebensdauer: 17 – 22 Jahre
Aktivität: tagaktiv
Gefährdung: ungefährdet

006

VORKOMMEN

Aufgrund des außergewöhnlichen Lebensraumes und seiner imposanten Hörner, wird der Alpensteinbock nicht umsonst als König der Alpen bezeichnet. Er kommt in Deutschland, Österreich und in der Schweiz nur in den Alpen vor. In Deutschland gibt es Populationen im Nationalpark Berchtesgaden und im Allgäu. Dort lebt er fast ausschließlich oberhalb der Baumgrenze und kommt bis zu einer Höhe von 3.500 m vor.

VERHALTEN

Steinböcke können hervorragend sehen, aber auch gut hören und riechen. Das ist allerdings für die Beobachtung von Steinböcken wenig relevant. Anders als viele andere Säugetiere, zeigen sie gegenüber Menschen nahezu keine Scheu. Ein gewisser Mindestabstand sollte aber zum eigenen Schutz und zum Schutz der Tiere eingehalten werden.

JAHRESZEIT UND TAGESZEIT

Steinböcke verbringen das ganze Jahr oberhalb der Baumgrenze. Im Winter steigen sie etwas weiter ab und verbringen die Zeit an Südhängen. Wer Steinböcke aus nächster Nähe sehen will, sollte trotzdem eher im Sommer oder Herbst nach ihnen Ausschau halten. Die Höhenlagen, in denen sich die Steinböcke aufhalten, sind nämlich im Winter bei Schnee und Eis nur unter Gefahr erreichbar. Die Aktivität der Steinböcke ist, wie bei vielen Tieren, in den frühen Morgenstunden und am Abend am höchsten.

Dezember und Januar

Jetzt ist die Paarungszeit der Steinböcke. Auch wenn die Lebensräume der Steinböcke nun schwieriger zu erreichen sind, kann sich ein Aufstieg lohnen. Mit etwas Glück

Steinböcke sind wenig scheu und beobachten Besucher oft neugierig.

1 Das Alter von Steinböcken lässt sich an den Ringen der Hörner abzählen.

2 Steinböcke sind in der Lage, an nahezu senkrechten Hängen hochzulaufen.

kannst du die spektakulären Kämpfe der konkurrierenden Männchen um die Weibchen beobachten.

Mai und Juni

Im Mai bis Ende Juni werden die Kitze geboren. Ab dieser Zeit ist es also möglich, Steinbockkitze zu beobachten.

Von Juli bis September

Jetzt lassen sich die Gebiete der Steinböcke am besten und sichersten erreichen. Da dort noch kein oder wenig Schnee liegt, können Wanderungen in die Steinbockreviere im Hochgebirge sehr gut in dieser Zeit unternommen werden.

WETTER

Steinböcke sind bei jeder Wetterlage in den Bergen unterwegs. Sie haben in ihrem kargen Lebensraum zudem keine großen Möglichkeiten, sich zu verstecken. Ein Aufstieg ins Hochgebirge sollte daher zur eigenen Sicherheit nur bei stabilen Wetterlagen erfolgen.

BEOBACHTUNG UND AUSRÜSTUNG

Wer nicht in die hohen Bereiche des Gebirges wandern kann, kann stattdessen in geeigneten Lebensräumen mit einem Spektiv Hänge über 2.000 m abzusuchen und die Steinböcke so aus der Entfernung bestaunen.
Wer Steinböcke jedoch aus nächster Nähe beobachten möchte, sollte möglichst leichte Ausrüstung mitnehmen. Da der Weg zu den Steinböcken beschwerlich sein kann, eignen sich leichte Gläser mit 42er- oder sogar 21er-Objektivdurchmesser. Die Lichtstärke ist weniger von Bedeutung, da die Tiere bei guten Lichtverhältnissen unterwegs sind. Wärmebildtechnik kann dabei helfen, die Tiere schneller ausfindig zu machen.

MEIN TIPP

Auf in den Nationalpark Berchtesgaden: Auf dem Gipfelplateau des Schneipsteins und den umliegenden Bereichen ist es sehr einfach, Steinböcke zu erspähen. Im Allgäu: Eine Steinbocksichtung auf dem Heilbronner Höhenweg ist fast garantiert.

DER LUCHS

Um 1800 war er in den Tieflagen, Ende des 19. Jahrhunderts auch im Gebirge ausgestorben. Nach verschiedenen Wiederansiedlungs-Projekten ist er heute wieder da.

STECKBRIEF

Wiss. Name: *Lynx lynx*
Schulterhöhe: bis ca. 70 cm
Gewicht: 20–25 kg
Lebensdauer: bis 20 Jahre
Aktivität: dämmerungs- und nachtaktiv
Gefährdung: vom Aussterben bedroht

007

WISSENSWERTES

Luchse waren bis zum Anfang des 19. Jahrhunderts in Deutschland ausgestorben. In den 1970er Jahren wurde mit der Wiederansiedlung begonnen. Bis heute werden Projekte initiiert, um die einzelnen Populationen miteinander zu vernetzen, da die natürliche Ausbreitung von Luchsen nur sehr langsam verläuft.

VORKOMMEN

Zurzeit sind die einzelnen Luchspopulationen kaum bis gar nicht miteinander verbunden. Die größte innerdeutsche Population befindet sich im Harz und erstreckt sich bis an die Weser und nach Nordhessen. Weitere etablierte Populationen befinden sich im Pfälzer Wald und im Bayerischen Wald. Zurzeit wird der Luchs im Schwarzwald und im Erzgebirge in Sachsen ausgewildert. Eine große Population befindet sich zudem im Schweizer Jura.

VERHALTEN

Luchse verfügen über hervorragende Sinne. Besonders gut können sie sehen und hören. Der Geruchssinn ist nicht ganz so exzellent ausgebildet. Die Beobachtung eines Luchses ist im Vergleich zu anderen Säugetieren sehr herausfordernd. Wenn man Glück hat, kann es vorkommen, dass der Luchs sich auf seine Tarnung verlässt und nicht ganz so scheu ist. Dann bleibt er vielleicht einfach sitzen.

Luchse sind in der Lage, sich nahezu lautlos zu bewegen.

JAHRESZEIT UND TAGESZEIT

Luchse sind dämmerungs- und nachtaktiv.

Februar und März

Die sogenannte Ranzzeit, die Paarungszeit der Luchse, findet zwischen Februar und März statt. In dieser Zeit sind Aktivität und Aktionsraum besonders hoch. Somit steigt die Chance, einen Luchs zu entdecken. Wer zur Zeit der Morgen- und Abenddämmerung im Luchsgebiet unterwegs ist, hat bessere Chancen, einen Luchs zu Gesicht zu bekommen. Die Männchen rufen in dieser Zeit zudem sehr aktiv. Die charakteristischen Rufe kannst du nun unter Umständen gut hören. Das kann oft ein Zeichen dafür sein, dass ein Luchs auf der Suche nach einem paarungsbereiten Weibchen ist.

WETTER

Luchse sind insbesondere bei guten Wetterbedingungen unterwegs. Wie alle Katzen, sind sie keine Wasser- und Regenliebhaber. Auch bei starkem Wind ziehen sich Luchse lieber in den Bestand zurück. Warme Temperaturen sind vorteilhaft für die Ranzzeit, dann kommen die Luchse „in Stimmung".

BEOBACHTUNG UND AUSRÜSTUNG

Die Entdeckung eines Luchses ist die Königsdisziplin in der Tierbeobachtung. Da Luchse sich ganz besonders auf ihre Tarnung verlassen, ist eine Wärmebildkamera zu empfehlen. In Luchsgebieten können so beispielsweise Hänge oder offene Bereiche abgesucht werden. Diese Vorgehensweise kann ich dir auch in der Ranzzeit empfehlen. Da auch Luchse häufig in der Dämmerung unterwegs sind, ist ein lichtstarkes Fernglas (Objektivdurchmesser 50 mm oder mehr) zum Beobachten von Vorteil. Da Luchse hervorragend sehen, ist die eigene Tarnung wichtig. Kameras und Objektive sollten lautlos und lichtstark sein.

Kuder, die männlichen Luchse, haben einen auffälligen Backenbart.

MEIN TIPP

Beste Chancen für deine Luchsbeobachtung bestehen in der Ranzzeit im Februar und März. Die jetzt aktiveren Katzen machen eine Beobachtung deutlich wahrscheinlicher. Mit viel Glück, Geduld und Strecke kannst du einen Luchs sehen. Spuren und Rufe sind wichtige Hinweise.

DIE WILDKATZE

Unsere Hauskatze stammt nicht von unserer heimischen Wildkatze ab, sondern von der nordafrikanischen Falbkatze.

STECKBRIEF

Wiss. Name:
Felis silvestris
Schulterhöhe:
bis zu 40 cm
Gewicht: 2–7 kg
Lebensdauer:
bis 12 Jahre
Aktivität: dämmerungs- und nachtaktiv
Gefährdung: gefährdet

008

WISSENSWERTES

Wild- von Hauskatzen zu unterscheiden ist manchmal gar nicht so einfach. Oft ist das Fell der Wildkatzen gerade im Winter dicker und sie wirken etwas massiger. Wildkatzen haben zudem einen buschigen Schwanz, der nur zwei bis drei Ringe aufweist. Der dunkle Aalstrich endet bereits an der Schwanzwurzel.

VORKOMMEN

Nach der fast vollständigen Ausrottung haben sich die Bestände der Wildkatze erholt und sie breitet sich weiter aus. Aktuell werden sie auf etwa 8.000 Tiere geschätzt. Dabei ist die Wildkatze vor allem in Mittel- und Südwestdeutschland verbreitet. Es gibt große Vorkommen in der Eifel, im Hunsrück, im Pfälzerwald, im Taunus, im Harz, im Solling, im Kyffhäuser und im Hainich. Zudem gibt es auch gute Vorkommen in Nordhessen, Nordthüringen und Nordwestbayern. Sie leben vor allem in naturnahen Laub- und Mischwäldern. Anliegende Offenlandbereiche werden zur Jagd auch gerne genutzt.

VERHALTEN

Wildkatzen sind sehr scheu und meiden den Menschen. Sie haben hervorragend ausgeprägte Sinne. Sie können ihre Feinde schnell hören, riechen oder sehen. Aus diesem Grund solltest du auf Tarnung, Geräuschentwicklung und den Wind achten.

JAHRESZEIT UND TAGESZEIT

Wildkatzen sind in der Regel dämmerungs- und nachtaktiv.

Januar bis März

In diese Zeit fällt die Paarungszeit der Wildkatzen und somit herrscht viel Bewegung. Mit sehr viel Glück

Wildkatzen ähneln Hauskatzen, haben aber besondere Merkmale, z. B. den buschigen Schwanz mit nur zwei bis drei dunklen Ringen.

kannst du die Tiere dann in der Morgen- oder Abenddämmerung auf einem Waldweg oder einer Waldlichtung beobachten. In ruhigen und abgelegenen Gebieten stehen die Chancen, Wildkatzen zu entdecken, besser.

Mai bis Juli

Wildkatzen leben scheu und heimlich. Auch jetzt sind sie in der Dämmerung und in der Nacht aktiv. In den kurzen Nächten vom Frühjahr bis in den Sommer hinein ist die Chance am größten, eine Wildkatze auch noch bei etwas Licht zu entdecken.

WETTER

Wie viele Katzen, mögen auch Wildkatzen kein Wasser. Bei Regen und Wind sind sie weniger aktiv als bei guten Bedingungen.

BEOBACHTUNG UND AUSRÜSTUNG

Die besten Chancen bestehen im Spätfrühling und Frühsommer. Dann sind die Nächte kurz und die Tage lang. So sind die Katzen auch schon in der Dämmerung unterwegs. Auf frisch gemähten Wiesen, auf Waldlichtungen oder an Waldrändern kannst du die Tiere mit viel Glück bei der Jagd beobachten. Achte auch auf den Wind. Passende Tarnung kann ebenfalls bei den scheuen Tieren von Vorteil sein. Da die Tiere häufig in der Dämmerung unterwegs sind, ist ein lichtstarkes Fernglas (50 mm oder mehr) hilfreich. Auch eine Wärmebildkamera zum Abscannen von Freiflächen ist für eine Sichtung empfehlenswert. Für Fotos sind eine lautlose Kamera und ein lichtstarkes Objektiv mit viel Brennweite (500 mm oder mehr) notwendig.

MEIN TIPP

Im Nationalpark Hunsrück-Hochwald gibt es eine der größten Wildkatzen-Populationen in Deutschland. Dort sind die Chancen groß, die Tiere auf umliegenden, frisch gemähten Wiesen im Spätfrühling zu beobachten.

DER WOLF

1904 wurde der letzte Wolf in Deutschland in der Lausitz erschossen und war dann über 90 Jahre bei uns ausgestorben. Heute gibt es wieder mehr als 1.300 Wölfe in Deutschland.

STECKBRIEF

Wiss. Name:
Canis lupus
Schulterhöhe:
bis ca. 80 cm
Gewicht: 30–50 kg
Lebensdauer:
bis 13 Jahre
Aktivität: dämmerungs- und nachtaktiv
Gefährdung: gefährdet

009

WISSENSWERTES

Nach der vollständigen Ausrottung im Jahr 1904 kamen die ersten Wölfe Ende des 20. Jahrhunderts aus Polen wieder zurück nach Deutschland. Im Jahr 2000 konnte erstmals wieder ein Wurf von Wölfen bei uns nachgewiesen werden. Zurzeit wächst der Wolfbestand jährlich weiter. Solange geeignete Gebiete vorhanden sind, wird sich der Wolf weiter ausbreiten.

VORKOMMEN

Bestätigte Vorkommen von Wölfen gibt es mittlerweile in fast ganz Deutschland. Lediglich in den Stadtstaaten und im Saarland wurden keine Wolfsvorkommen bestätigt. Die Hauptverbreitung von Wölfen liegt jedoch in Ost- und im nördlichen Mitteldeutschland, nach Nordwesten dünnt sich der Bestand aus. Die meisten Wolfsrudel gibt es in Sachsen, Sachsen-Anhalt, Brandenburg und Niedersachsen. Der Bestand in Deutschland liegt momentan bei mehr als 1.500 Exemplaren. Eines der größten Wolfvorkommen in Deutschland befindet sich in der Lausitz in Sachsen. Dort besiedelt der Wolf gerne die großen Wald- und Heidegebiete. Häufig sind Wölfe auf den großen Truppenübungsplätzen oder ehemaligen Braunkohletagebauen zu finden. In der Schweiz sind Wölfe insbesondere in St. Gallen und Graubünden verbreitet. Die Vorkommen in Österreich liegen in Kärnten, im Böhmerwald, in Arsebach, Harmanschlag, Allensteig und Gutenbrunn.

VERHALTEN

Wölfe haben hervorragende Sinne. Am besten ist der Geruchssinn ausgeprägt, wodurch sie etwa um das 14-Fache besser riechen können als wir Menschen. Hierdurch sind sie bei günstigen Windbedingungen in der Lage, Beute aus über 2,5 Kilometer Entfernung zu wittern. Auch ihr Gehör ist perfekt ausgebildet. Wölfe hören doppelt so gut wie Menschen und können Artgenos-

1

2

1 Der sogenannte Rendezvousplatz wird zur Aufzucht, zum Spielen und zum Sozialisieren der Welpen genutzt.

2 In großen Wald- und Heidegebieten hat der Wolf wieder ein Zuhause gefunden.

MEIN TIPP

Eine gute Chance, Wölfe zu sehen, ohne sie dabei zu stören, ist der Aussichtspunkt Bergener See in der Nähe von Hoyerswerda. Hier ist die Wahrscheinlichkeit recht hoch, in der Morgen- oder Abenddämmerung Wölfe störungsfrei zu beobachten. Da das Gebiet weitläufig ist, ist ein Spektiv hilfreich.

sen über mehrere Kilometer akustisch wahrnehmen. Wölfe erkennen Bewegungen auch in der Dunkelheit hervorragend.
Bei der Beobachtung von Wölfen sollten die ausgeprägten Sinne der Tiere berücksichtigt werden. Die Windrichtung, die Geräuschentwicklung, Tarnung und langsame, bedachte Bewegungen sind hier von Bedeutung.

JAHRESZEIT UND TAGESZEIT

Aufgrund der großen Reviere ist, auch in Gebieten mit hohen Dichten, die Beobachtung von Wölfen nicht leicht. Die Chancen, tatsächlich einen zu entdecken, sind jedoch in der Morgen- und Abenddämmerung am höchsten.

August bis Oktober

Wölfe sind das ganze Jahr über aktiv. Im Herbst besteht das Rudel meist aus den Jungen des aktuellen Jahres, den Jungen aus dem letzten Jahr und den Elterntieren. Durch die hohe Anzahl an Wölfen in einem Territorium sind die Chancen, in dieser Zeit besonders groß, einen von ihnen zu entdecken.

Juni und Juli

Da im April und Mai die Jungen geboren werden, müssen sie anschließend von den Eltern und den vorjährigen Geschwistern mit Nahrung versorgt werden. Dies ist mit einem erhöhten Aufwand verbunden. Die Tiere müssen viel Nahrung erbeuten und sind somit in dieser Zeit aktiver als sonst.

Dezember bis Februar

Im Winter, besonders von Januar bis März, ist die Ranzzeit, die Paarungszeit der Wölfe. In dieser Zeit können Wölfe ohne Partner weite Strecken zurücklegen – teilweise bis zu 70 km pro Nacht. Insbesondere die Rüden wandern dann weit von ihren elterlichen Revieren ab. Im Winter kann man außerdem im Schnee oder auf schlammigem Boden gut nach Wolfsspuren Ausschau halten.

WETTER

Wölfe sind bei allen Wetterlagen unterwegs. Bedingungen ohne starken Wind oder Regen begünstigen Begegnungen.

BEOBACHTUNG UND AUSRÜSTUNG

Aufgrund ihres scheuen Verhaltens und der großen Reviere, ist es sehr schwierig, einen Wolf zu entdecken. Die besten Chancen ergeben sich in einem Gebiet mit gutem Wolfsbestand. Bestenfalls wählt man einen Beobachtungspunkt in Gebieten mit viel freier und weiter Sicht oder lässt sich an Kreuzungen von Waldwegen nieder. Frische Spuren, wie Losung, Kratzspuren oder Trittsiegel, geben weitere Hinweise. Die Losung ist meist vergleichbar mit der sehr großer Hunde und enthält viele Haare. Auch die Trittsiegel sind denen von großen Hunden ähnlich. Hunde schnüffeln aber oft viel links und rechts. Daher sprechen gerade, lange ununterbrochene Fährten eher für Wölfe. Ungestörte Offenflächen sind für Wölfe ebenfalls attraktiv. Bei der Beobachtung von Wölfen wird v.a. Geduld und viel Zeit benötigt. Mit etwas Glück kannst du Wölfe auch heulen hören. Das Heulen dient der Kommunikation. Man kann es potenziell das ganze Jahr über hören und das sogar über mehrere Kilometer hinweg. Wer etwas Hilfe benötigt, kann in der Lausitz an geführten Touren teilnehmen. Dort kann man mit Profis auf den Spuren der Wölfe wandern und diese Tiere eventuell sogar sehen. Da Wölfe hervorragend sehen, ist Tarnung ein Muss. Da sie meist in der Dämmerung unterwegs sind, ist ein lichtstarkes Fernglas (Objektivdurchmesser 50 mm oder mehr) zu empfehlen. Da die Entfernung zu den Tieren unter Umständen groß ist, kann auch ein Spektiv von Vorteil sein. Auch eine Wärmebildkamera kann hilfreich sein, v.a. beim Ansitz an offenen Flächen und in der Dämmerung und Nacht. Kameras und Objektive sollten lautlos und lichtstark und große Brennweiten haben.

Wolfsbeobachtungen sind etwas besonderes. Du vergisst sie nie.

MEINE ERSTE WOLFSBEGEGNUNG

Vom Wolf geht eine besondere Faszination aus. Den Stammvater unserer Haushunde einmal in freier Natur zu sehen, war ein großer Traum von mir.

Im Studium lernte ich einen Freund kennen, der ähnlich tickt wie ich. Er verbrachte auch seit seiner Kindheit die meiste Zeit draußen, stets auf der Suche nach allen möglichen Tieren. Als wir diese Gemeinsamkeit entdeckten, verstanden wir uns auf Anhieb. So planten wir oft gemeinsame Foto-Touren. Bei Wind und Wetter standen wir oft früh auf und verharrten stundenlang an vielversprechenden Beobachtungspunkten. Meist waren wir mehrere Tage oder auch Wochen gemeinsam unterwegs. Eine Tierart, die wir beide sehr gerne sehen und fotografieren wollten, war der Wolf. Wenige Arten lösen eine derartige Faszination aus. So planten wir eine zweiwöchige Reise in den Osten von Polen, um dort Wisenten, Elchen und Wölfen zu begegnen. Dort angekommen, begannen wir, die Wälder nach vielversprechenden Plätzen für Tierbeobachtungen abzusuchen. Wie immer profitierten wir von den Erfahrungen und dem Wissen des anderen und ergänzten uns super.
Zur Beobachtung der Wölfe platzierten wir uns an Wegkreuzungen mit frischen Spuren. Einige Abende und Morgen saßen wir dort versteckt und hofften auf eine Sichtung. Leider ohne Erfolg, obwohl wir dort frische Kratzspuren und Losung fanden. Dennoch gaben wir die Hoffnung nicht auf, auch wenn nur noch wenige Tage blieben, bis wir die Heimreise antreten mussten. Zwar konnten wir wunderbare Beobachtungen unserer ersten wilden Wisente, eines Elches und von Haselhühnern machen, doch die ersehnte Wolfsichtung blieb bedauerlicherweise aus.
Kurz vor Ende des Urlaubes versuchten wir unser Glück an einer weiteren geeigneten Stelle. Die Tage zuvor hatten wir dort sehr viele frische Wolfsspuren finden können. So saßen wir vor dem Auto und warteten. Die Sonne ging langsam unter, der Himmel färbte sich leicht rosa und es herrschte absolute Stille. Als es immer dunkler wurde und wir die Hoffnung fast aufgegeben hatten, kam plötzlich, ca. 40 Meter von uns entfernt, ein Wolf aus dem Gebüsch. Er schien uns nicht zu bemerken, da die Windbedingungen vorteilhaft waren. Aufgrund der Dunkelheit und der Aufregung gelang uns nur ein Beweisfoto. Dennoch konnten wir den Wolf noch eine Zeit lang beobachten, bis er schließlich den Waldweg verließ und wieder in den Wald verschwand. Wenige Sekunden später heulte ein Rudel Wölfe in der Nähe auf. Wir konnten kaum glauben, was wir gerade erlebt hatten. Zurück im Ferienhaus, wurde erst einmal auf diese tolle und seltene Beobachtung angestoßen. Unsere Geduld hatte sich bezahlt gemacht. Auch wenn uns kein professionelles Foto geglückt ist.

GÄNSEHAUTMOMENT

Was für ein Erlebnis, wenn plötzlich ein Wolf aus dem Gebüsch kommt.

DER ROTFUCHS

Der Rotfuchs lebt inzwischen sogar mitten in der Stadt. Er ist die einzige heimische Fuchsart bei uns und eines der häufigsten beutegreifenden Säugetiere.

STECKBRIEF

Wiss. Name: *Vulpes vulpes*
Schulterhöhe: bis ca. 40 cm
Gewicht: 6 kg
Lebensdauer: bis zu 15 Jahre
Aktivität: dämmerungs- und nachtaktiv
Gefährdung: nicht gefährdet

010

VORKOMMEN

Der Fuchs ist wohl eines der anpassungsfähigsten heimischen Säugetiere, das bei uns zu finden ist. Dies betrifft sowohl seinen Lebensraum als auch seine Beute.
Füchse sind häufig und bei uns flächendeckend verbreitet. Sie kommen sowohl an der Küste als auch im Hochgebirge vor. Der Fuchs kann sich an verschiedenste Lebensräume anpassen. Er kommt dabei sowohl im Wald, im Offenland als auch in Siedlungen vor. Studien zeigten sogar, dass die Bestände in Siedlungen höher sind als im Offenland und im Wald.

VERHALTEN

Füchse verfügen über gut ausgebildete Sinne. Besonders ihr Gehör- und der Geruchssinn sind außergewöhnlich. Sie sehen in der Dämmerung und in der Nacht hervorragend und nehmen Bewegungen sensibel wahr. In der Regel sind Füchse scheu, weswegen bei der Beobachtung sowohl die Windrichtung, die Tarnung und die Geräuschentwicklung eine Rolle spielen. Stadtfüchse, die an Menschen gewöhnt sind, oder Jungfüchse ohne Erfahrung sind wenig scheu, aber neugierig.

JAHRESZEIT UND TAGESZEIT

Füchse sind in der Regel dämmerungs- oder nachtaktiv.

Dezember bis Februar

Die Ranzzeit der Füchse, also die Paarungszeit, verläuft von Dezember bis Februar. In dieser Zeit sind Füchse sehr aktiv und mobil. Die Chance, dann einen Fuchs zu sehen, ist deutlich höher als in anderen Monaten. Manchmal ist es möglich, Füchse in der Dämmerung zu Gesicht zu bekommen. In einer kalten Mondnacht, idealerweise mit Schnee, ist eine Beobachtung ebenfalls wahrscheinlicher. Oft kann man sie auch „bellen“ hören.

März bis Juni

Im März bis April werden die Fuchswelpen geboren. Nach etwa vier Wochen Säugezeit werden die Jungen mit fester Nahrung, vor allem von der Mutter, der Fähe, und manchmal auch vom Rüden, versorgt. Um genügend Nahrung für

1 Besonders bei Schnee sind Füchse sehr aktiv.

2 Fuchswelpen sind sehr neugierig und noch nicht so scheu.

den Nachwuchs zu finden und weil die Nächte von April bis Juni kurz sind, sind die Füchse nun auch tagsüber auf der Jagd. Es lohnt sich sehr, in dieser Zeit auf frisch gemähten Wiesen Ausschau nach ihnen zu halten. Jungfüchse können dann auch schon in unmittelbarer Umgebung des Baus unterwegs sein.

Juni bis August

Je nach Geburtszeitpunkt werden die Jungfüchse ab Ende Juni selbstständig und verlassen endgültig den Bau. Sie suchen nach eigenen Revieren und versuchen selbstständig Beute zu machen. Gerade zu Anfang sind die Jungfüchse oft noch mit den Geschwistern unterwegs.

WETTER

Füchse sind überwiegend bei gutem Wetter unterwegs. Bei Regen verbleiben sie oft im Bau. Schnee und Kälte macht Füchsen wiederum nichts aus. Im Winter sind sie an kalten und schneereichen Tagen gerne unterwegs und jagen bis in den späten Vormittag.

BEOBACHTUNG UND AUSRÜSTUNG

Wer in den o. g. Zeiten unterwegs ist, hat gute Chancen, einen Fuchs zu sehen. Am besten hält man auf frisch gemähten Wiesen oder abgeernteten Getreidefeldern im Sommer Ausschau. Der Rand von Rapsfeldern ist auch ideal. Im Winter jagen Füchse gerne auf Wiesen, auch bei einer tiefen Schneedecke.
Ein lichtstarkes Fernglas ist von Vorteil, wenn Füchse in der Dämmerung unterwegs sind. Eine Wärmebildkamera hilft, um sie frühzeitig ausfindig zu machen. Um unbemerkt zu bleiben, ist eine angemessene Tarnung im Versteck wichtig.

MEIN TIPP

Der Zuiderduin-Park bei Amsterdam in den Niederlanden: In diesem Park kannst du tatsächlich ungewöhnlich zahme, dennoch wildlebende Füchse aus nächster Nähe beobachten, aber bitte nicht füttern.

DER DACHS

Der schwarz-weiße „Grimbart" gehört zur Familie der Marderartigen. Er ist der größte Vertreter dieser Gattung in unseren heimischen Breitengraden.

STECKBRIEF

Wiss. Name: *Meles meles*
Schulterhöhe: bis ca. 40 cm
Gewicht: 7–20 kg
Lebensdauer: bis zu 20 Jahre
Aktivität: dämmerungs- und nachtaktiv
Gefährdung: nicht gefährdet

011

WISSENSWERTES

Dachse sind sehr familiär und leben in sogenannten Clans, die den Rudelstrukturen von Wölfen ähneln. Diese bestehen aus einem Paar, das in lebenslanger Dauerehe lebt, den Jungen aus dem Vorjahr und den aktuellen Jungtieren. Sie leben dabei in vererbten Bauten, den Dachsburgen, die über 150 Jahre alt sein können.

VORKOMMEN

Du hast sie vielleicht noch nie gesehen, aber Dachse besiedeln viele Orte, z. B. Laub- und Mischwälder im Flach- sowie im Mittelgebirge. Sie kommen jedoch auch in reich strukturierten Landschaften mit Hecken und Feldgehölzen vor. Auch im Hochgebirge leben sie bis zu einer Höhe von 1.200 bis 1.700 Metern. Ob Dachse in einer Region vorkommen, erkennst du anhand von Spuren oder an einem aktiven Dachsbau.

VERHALTEN

Der Dachs hat einen hervorragend ausgeprägten Geruchssinn und kann Nahrung, aber auch Feinde über große Entfernung lokalisieren. Das Gehör und Sehvermögen sind hingegen nur mäßig ausgebildet. Deswegen ist es bei der Beobachtung entscheidend, auf die Windrichtung zu achten. Bewegt man sich langsam und vor einem Hintergrund, um die Silhouette zu minimieren, ist eine Tarnung nicht so wichtig, wie bei der Beobachtung anderer Tiere. Geräusche sollten auf ein Minimum reduziert werden.

JAHRESZEIT UND TAGESZEIT

Dachse sind in der Regel dämmerungs- und nachtaktiv. Im Winter

Dachse sehen nicht so gut, dafür können sie umso besser riechen.

halten sie Winterruhe und sind nur in Ausnahmefällen außerhalb des Baus unterwegs.

Mai bis Juli

An den längsten Tagen im Jahr sind die Chancen erhöht, Dachse auch noch bei Tageslicht zu entdecken. Sie suchen in dieser Zeit Nahrung auf Wiesen und im Getreide. Mit etwas Glück lassen sich die Dachse hier gut beobachten. Zudem werden die kleinen Dachse vor dem Bau aktiv.

August bis Oktober

Jetzt sind Dachse noch sehr aktiv. Vor der Winterruhe müssen sie allerhand Gewicht zulegen, um die Zeit im Winter zu überstehen. Du kannst sie evtl. in der Dämmerung und nachts auf dem Weg zur Nahrungsstelle oder schon vor Ort finden. Sie sind dann gerne an oder in Maisfeldern, abgeernteten Feldern oder Streuobstwiesen unterwegs. Auch die jungen Dachse laufen oft mit ihren Geschwistern umher. Aufgrund ihrer Unerfahrenheit lassen sie sich gut beobachten.

WETTER

Bei nassem Wetter verbleiben Dachse oftmals im Bau. Im Winter halten sie Winterruhe und verbleiben hauptsächlich bei Kälte und Schnee im Bau.

BEOBACHTUNG UND AUSRÜSTUNG

Wenn du einen Platz gefunden hast, an dem Dachse wohnen, kannst du sie auf dem Weg vom Bau zu den Nahrungsflächen beobachten. An einer ruhigen unbeobachteten Stelle mit einem guten Überblick über den Wildwechsel, kannst du dich, ggf. getarnt und passend zur Windrichtung, auf die Lauer legen.
Da Dachse überwiegend in der Dämmerung oder nachts unterwegs sind, ist ein lichtstarkes Fernglas (50 mm oder mehr Objektivdurchmesser) wichtig. Zudem bietet eine Wärmebildkamera zur Lokalisierung der Tiere auf Wiesen und Äckern Abhilfe.

Dachse sind gesellige Tiere und leben in Familienverbänden.

MEIN TIPP

Die besten Chancen hast du in der Nähe eines aktiven Dachsbaus. In der Regel findest du dort seine Wege, die Wildwechsel, in die umliegenden Nahrungsgebiete. Gute Beobachtungsplätze dort, sog. Ansitze, führen irgendwann zum Erfolg.

FÜCHSE UND DACHSE DIREKT AM BAU BEOBACHTEN

Das Beobachten und Fotografieren von Füchsen und Dachsen am Bau ist umstritten, aber nicht pauschal verboten. Was du dabei beachten musst, findest du hier.

§ 19a des Bundesjagdgesetzes verbietet das Stören von Wild an Zufluchtsstätten, insbesondere wenn Bestände gefährdet sind. Füchse und Dachse unterliegen dem Jagdrecht, daher sollten der Jagdpächter oder der Jäger vorher gefragt werden, um rechtliche Probleme und auch Störungen zu vermeiden.

FUCHS- UND DACHSBAUE UNTERSCHEIDEN

Fuchs- und Dachsbaue kommen in Wäldern, Hecken und Feldgehölzen vor, wobei ein grabfähiger Boden für beide relevant ist. Sie liegen gerne auch an kleinen Hängen.
Dachse legen größere Baue mit mehreren Eingängen an, oft mehr als zehn. Sie können über 100 Jahre alt sein. Eine „Dachsrinne" markiert den Weg zum Eingang. Die Tiere hinterlassen hier ihre Spuren durch ihre langen Krallen. Diese besonders sichtbaren Krallenabdrücke sind sehr markant. Man sagt auch der Dachs „nagelt". In der Nähe des Baus finden sich oft „Dachslatrinen".
Fuchsbaue sind meist kleiner und besitzen nur einen Haupteingang mit wenigen Fluchtröhren. Füchse nutzen auch Steine oder Holzstapel als Unterschlupf. Ihre Spuren ähneln denen kleiner Hunde. In der Nähe des Baus sind oft Beutereste zu finden, besonders während der Jungenaufzucht. Beide Baue können aber auch von der jeweils anderen Art mitbewohnt werden. Vor Ort herrscht ein „Baufrieden". Selbst Kaninchen oder Brandgänse können zeitgleich mit darin leben.

BEOBACHTUNGEN AM BAU

Wildkameras sind eine gute Methode, um die Aktivität am Bau zu beobachten und liefern wertvolle Informationen. Der Einsatz muss jedoch mit dem Grundstückseigentümer und Jagdpächter abgestimmt werden. Kameras sollten möglichst vor der Fortpflanzungszeit angebracht werden, um Störungen zu vermeiden.
Beobachte nur mit ausreichend Abstand zum Bau, um keine Störungen zu verursachen. Eine Prüfung der Windrichtung vor der Beobachtung ist wichtig. Füchse haben ein exzellentes Sehvermögen, daher ist auch Tarnung notwendig. Dachse reagieren ebenfalls empfindlich auf Störungen. Langsame und geräuschlose Bewegungen sind entscheidend. Kameras sollten lautlos sein. Beobachtungen sollten in der Dämmerung oder früh am Morgen stattfinden, wenn die Tiere am aktivsten sind.
An Fuchsbauen sind Beobachtungen am besten während der Jungenaufzucht möglich, da Füchse den Bau dann häufiger nutzen. Eine Störung kann dazu führen, dass die Fähe den Bau verlässt, was die Tiere stark belastet. Die beste Beobachtungszeit ist die Dämmerung oder nachts.
An Dachsbauen lassen sich Dachse zwischen April und

1

2

3

1 Dachsbaue sind oft schon an dem auffälligen Eingang mit „Rutsche" zu erkennen.

2 Mit einem lichtstarken Fernglas kannst du die Tiere in der Dämmerung in der Nähe des Baus beobachten.

3 Man muss an Fuchsbauen sehr vorsichtig sein, um die Tiere nicht zu vergrämen.

Juni am besten beobachten, da die Tage länger sind und die Chancen steigen, einen Dachs bei Tageslicht zu sehen. Auch hier empfiehlt es sich, früh am Morgen oder erst in der Abenddämmerung zu beobachten.

Zusammenfassend kann ich sagen, dass das Beobachten von Füchsen und Dachsen am Bau zwar faszinierend, aber auch sehr riskant ist, da du die Tiere während der Aufzucht leicht stören kannst. Weniger störend ist es, wenn du dich an Wildwechseln aufstellst, die vom Bau wegführen. Hier können die Jungtiere in einer weniger störanfälligen Phase beobachtet werden und die Gefahr der Störung ist reduziert.

DER FISCHOTTER

Der Fischotter ist ein geschickter Jäger. Er taucht unter Wasser, verfolgt und fängt dort Fische, Amphibien und Krebstiere.

STECKBRIEF

Wiss. Name: *Lutra lutra*
Schulterhöhe: bis 30 cm
Gewicht: bis zu 12 kg
Lebensdauer: 8–22 Jahre
Aktivität: dämmerungs- und nachtaktiv
Gefährdung: gefährdet

012

Fischotter können fast lautlos schwimmen und haben einen dichten, schützenden Pelz.

WISSENSWERTES

Fischotter sind sehr mobil. Familienverbände können in einer Nacht bis zu 7 km zurücklegen, einzelne Tiere sogar 15 km. Im Sommer erstrecken sich die Reviere an Fließgewässern in der Regel über 1 bis 3 km. Im Winter können sie eine Länge von bis zu 6 km betragen. In Ausnahmefällen wurden von den Tieren schon Strecken von 20 km und Höhen von über 2.000 m über NN überwunden.

VORKOMMEN

Zurzeit erstreckt sich der Verbreitungsschwerpunkt des Fischotters in Deutschland von Osten bis nach Niedersachsen. Er breitet sich jedoch auch langsam nach Westen aus, v.a. in NRW. In Bayern ist der Fischotter derzeit nur im Osten des Bundeslandes verbreitet. Außerdem gibt es vereinzelte Vorkommen in Hessen. In den südwestlichen Bundesländern kommt er bisher nicht vor. Heute gibt es wieder Otter in der Schweiz: am Inn, am Ticino, an der Rhone und der Aare. In Österreich gibt es Vorkommen in allen Bundesländern, mit der Ausnahme von Vorarlberg und Tirol. Fischotter bevorzugen saubere, unverbaute Gewässer, sowohl stehende als auch fließende Gewässer sowie Salzwasser an Küsten. Sie benötigen jedoch zudem ausreichend Nahrung und Versteckmöglichkeiten an Land.

VERHALTEN

Fischotter gelten als sehr scheu. Beobachtungen sind oft nur getarnt, mit viel Geduld oder durch Zufall möglich.

JAHRESZEIT UND TAGESZEIT

Der Fischotter ist dämmerungs- und nachtaktiv und oft nur bei Störung am Tag zu sehen.

Februar und März

Zwar erstreckt sich die Paarungszeit über das ganze Jahr, überwiegend findet die Paarung jedoch in den Monaten Februar und März statt. In dieser Zeit verbringen die Männchen viel Zeit mit den Weibchen und halten sich stets in ihrer Nähe auf. Normalerweise leben die Tiere als Einzelgänger. Die Paarung findet an Land statt.

Otter ernähren sich von Fischen, aber auch Krebse, Muscheln, Amphibien und Säugetiere stehen auf ihrem Speiseplan.

Übriges Jahr

Der Rest des Jahres gestaltet sich sehr variabel, da die Tiere sich das ganze Jahr über paaren und Junge gebären können. Ab der sechsten Woche können die Jungen die ersten Schwimmversuche unternehmen. Sie sind 14 Monate mit der Mutter unterwegs und können in dieser Zeit im Familienverband beobachtet werden. Die Jungtiere sind oft sehr lebhaft und spielen miteinander. Auch im Winter sind Fischotter sehr aktiv. Sie müssen viel Nahrung erbeuten, um den Winter zu überstehen.

WETTER

Fischotter sind bei allen Wetterlagen, sowohl im Winter als auch im Sommer, unterwegs. Für die Suche nach Otterspuren ist nass-feuchtes Wetter oder Schnee ideal. Nach Kotspuren unter Brücken kannst du das ganze Jahr über suchen. Hochwasser erschwert die Suche. Anschließend sind die Chancen jedoch hoch.

BEOBACHTUNG UND AUSRÜSTUNG

Fischotter zu beobachten ist nicht leicht. Du benötigst Geduld und Glück. Um ein Otterrevier ausfindig zu machen, ist die Suche nach Spuren unerlässlich. Dazu gehören z. B. Kotspuren als Reviermarkierung unter Brücken, auf Steinen und Banketten oder an Otterpfadaufstiegen aus dem Gewässer. An derartigen Stellen kann man sich dann in der Morgen- und Abenddämmerung auf die Lauer legen. Wenn du ein Revier gefunden hast, melde es auch den zuständigen Naturschutzbehörden.
Tarnung kann bei den scheuen Tieren wichtig sein. Zudem ist ein lichtstarkes Fernglas (50 mm oder mehr Objektivdurchmesser) von Vorteil, da die Fischotter häufig in der Dämmerung unterwegs sind. Auch eine Wärmebildkamera ist hilfreich. Für Fotos sollte eine lautlose Kamera und ein lichtstarkes Objektiv (500 mm) verwendet werden.

MEIN TIPP

Gute Fischotterbestände gibt es in Mecklenburg-Vorpommern, beispielsweise auf Usedom oder im Nationalpark Vorpommersche Boddenlandschaft. Mit ausreichend Zeit und Geduld sind hier die Chancen hoch, einen Fischotter zu Gesicht zu bekommen.

DIE KEGELROBBE

Das größte Raubtier in Deutschland ist weder der Wolf noch der Luchs, sondern die Kegelrobbe in Nord- und Ostsee.

STECKBRIEF

Wiss. Name: *Halichoerus grypus*
Körperlänge: bis 250 cm
Gewicht: bis zu 300 kg
Lebensdauer: 20–45 Jahre
Aktivität: tagaktiv
Gefährdung: gefährdet

013

WISSENSWERTES

Erst seit 40 Jahren sind Kegelrobben wieder an den deutschen Küsten anzutreffen. Vorher galten sie als Konkurrenz der Fischer an unseren Küsten als vollständig ausgerottet. Sie sind perfekt an das Leben im Meer und an der Küste angepasst. Ihre Fettschicht, der sogenannte „Blubber", dient als Energiereserve und schützt sie vor Kälte.

VORKOMMEN

Kegelrobben kommen mittlerweile wieder an der Nord- und Ostseeküste vor. Deutlich häufiger sind sie an der Nordsee. Kolonien gibt es beispielsweise auf Amrum, Juist und Helgoland. Dabei ist insbesondere Helgoland zur Robbenbeobachtung geeignet. Insgesamt gibt es in Deutschland wieder schätzungsweise 5.000 Exemplare.

VERHALTEN

Kegelrobben können gut riechen und sehen. Sie sind nicht sehr scheu. Kommt man ihnen jedoch zu nah, flüchten sie ins Wasser. Gerade im Winter kostet das viel Energie, weswegen sie vor allem in dieser Zeit nicht gestört werden dürfen. Es ist stets darauf zu achten, einen Abstand zu den Kegelrobben von mindestens 300 Metern einzuhalten. Auf Helgoland sind sie aufgrund der zahlreichen Inselbesucher einiges gewohnt. Hier ist ein Mindestabstand von nur 30 Meter zu den Kegelrobben nötig, der unbedingt eingehalten werden muss.

JAHRESZEIT UND TAGESZEIT

Kegelrobben sind tagaktiv. Ihre Aktivität richtet sich nach den Gezeiten. Bei Flut jagen sie im Wasser, während sie bei Ebbe am Strand ruhen.

November bis Januar

Im Winter werden in Deutschland die jungen Kegelrobben geboren. In dieser Zeit halten sich die erwachsenen Robben überwiegend an Land auf. Außerdem lassen sich die noch reinweißen Kegelrobbenjungen bestaunen. Die Beobachtungen der jungen Kegelrobben sind ein absolutes Highlight im Jahreslauf.

1

1 Man sieht Kegelrobben ihr stolzes Gewicht durchaus an.

2 Ab November werden die reinweißen Jungtiere geboren.

3 Die großen Tiere liegen oft gesellig mit ihren Artgenossen am Strand.

2

3

Februar bis April

Der Fellwechsel der Kegelrobben findet im Frühjahr statt. In dieser Zeit verbleiben die Tiere meist an Land und leben von ihren angesammelten Fettreserven. Eine hervorragende Gelegenheit, die Tiere ganztägig und unabhängig von den Gezeiten an Land zu beobachten. Die Jungtiere sind in dieser Zeit noch sehr klein und bei den Muttertieren.

Juli und August

Im Sommer kannst du in der Nordsee schwimmen gehen. Wenn du bei der Nebeninsel, der „Düne" von Helgoland, schwimmst oder schnorchelst, kannst du auf eine Kegelrobbe treffen. Auch wenn sich die neugierigen Tiere nähern, solltest du sie niemals anfassen oder streicheln – Kegelrobben bleiben Raubtiere.

WETTER

Bei Kegelrobben spielt das Wetter keine Rolle. Je nach Jahreszeit sind die Gezeiten zu beachten, wenn man sie an Land beobachten möchte.

BEOBACHTUNG UND AUSRÜSTUNG

Da Kegelrobben wenig scheu und tagaktiv sind, ist keine spezielle Ausrüstung nötig.

MEIN TIPP

Auf nach Helgoland! Auf der Fahrt mit der Fähre von Cuxhaven nach Helgoland kannst du mit etwas Glück auch noch Schweinswale sehen. Auf der Insel angekommen, führt eine kleine Fähre zur Düne und damit zu den Kegelrobben.

DER SEEHUND

Seehunde sind perfekt an das Leben im Wasser angepasst. Die geschickten Schwimmer sind sehr gute Jäger unter Wasser. An Land bewegen sie sich eher langsam und plump.

STECKBRIEF

Wiss. Name: *Phoca vitulina*
Körperlänge: bis 170 cm
Gewicht: bis zu 100 kg
Lebensdauer: 20–35 Jahre
Aktivität: tagaktiv
Gefährdung: Gefährdung unbekannten Ausmaßes

014

WISSENSWERTES

Auch wenn Seehunde oft mit vielen weiteren Artgenossen auf den Sandbänken ruhen, sind sie eigentlich Einzelgänger. Auf den Sandbänken halten sie meist einen Abstand von 1,5 m ein, auf Berührungen von Artgenossen reagieren sie aggressiv.

VORKOMMEN

Seehunde leben verteilt an der gesamten Nordseeküste, insbesondere auf den Ostfriesischen Inseln, auf Helgoland, aber auch an den Mündungen von Elbe und Ems. Vereinzelt kommen die Tiere auch in der Ostsee vor. Die größten Bestände befinden sich auf Borkum, Juist, Langeoog und Neuwerk.

VERHALTEN

Seehunde haben einen guten Geruchssinn und können darüber hinaus gut sehen. Bei Gefahr flüchten sie ins Wasser. Aus diesem Grund sollte man den Tieren nicht zu nah kommen. Bei Störungen verbrauchen sie sonst unnötig Fettreserven. Die sogenannte Bananenstellung, das seitliche Liegen mit hochgestrecktem Kopf und hochgestreckter hinterer Flosse, ist ein Zeichen für Entspannung.

JAHRESZEIT UND TAGESZEIT

Seehunde sind tagaktiv. Bei der Beobachtung solltest du die Gezeiten beachten. Bei Flut jagen die Tiere im Meer. Bei Ebbe ruhen sie sich auf den Sandbänken aus.

Mai bis Juli

In dieser Zeit bringen die Weibchen ihre Jungen zur Welt. Zwar

Seehunde sollten nicht gestört werden, da sie sonst zu viel Energie verbrauchen.

1 Auch wenn man sie oft mit Artgenossen sieht, sind Seehunde Einzelgänger.

2 Seehunde halten immer nach potenziellen Feinden Ausschau.

3 Im Sommer sammeln sich die Seehunde zur Geburt der Jungen auf den Sandbänken.

können die Jungen bei der ersten Flut direkt den Müttern ins Wasser folgen, gesäugt werden sie jedoch an Land. Eine perfekte Gelegenheit, sie zu beobachten. Die Jungen werden etwa 4 bis 6 Wochen gesäugt.

August bis September

Im August findet neben der Aufzucht der Jungen zudem der Fellwechsel statt. Auch in dieser Zeit liegen die Seehunde noch häufig auf den Sandbänken.

WETTER

Auch bei Seehunden spielt das Wetter keine Rolle. Je nach Jahreszeit solltest du die Gezeiten beachten, wenn du die Tiere an Land beobachten möchtest.

BEOBACHTUNG UND AUSRÜSTUNG

Seehunde kannst du am besten im Frühjahr und Sommer auf den Sandbänken beobachten. Da ein Abstand zu diesen Ruheplätzen eingehalten werden muss, ist vergrößernde Optik als Hilfsmittel wichtig.
Ferngläser sind in den Bereichen, in denen die Tiere nicht ganz so weit weg sind, ein Muss. Ein großer Objektivdurchmesser ist nicht notwendig. Wenn du ein Spektiv hast, ist das sicherlich von Vorteil, gerade in den Bereichen, wo die Entfernung zu den Seehunden groß ist.

MEIN TIPP

Bootstour zu den Seehunden! Bei den Nationalparkstationen auf den Inseln und am Wattenmeer buchen. Der Gewinn wird zum Teil für den Schutz der Tiere eingesetzt. Auf Helgoland kannst du auf der Düne Seehunde und Kegelrobben gleichzeitig beobachten.

DER FELDHASE

Anders als das Kaninchen gräbt der Hase keine Baue, sondern nur sogenannte „Sassen". Das sind kleine Senken im Boden, in die er sich geschützt hineinlegt.

STECKBRIEF

Wiss. Name: *Lepus europaeus*
Schulterhöhe: 30–40 cm
Gewicht: 4–5 kg
Lebensdauer: bis 12 Jahre
Aktivität: tag-, dämmerungs- und nachtaktiv
Gefährdung: gefährdet

WISSENSWERTES

Feldhasen sind Meister der Tarnung. Mit angelegten Ohren in ihrer Sasse sind sie aufgrund ihrer Fellfarbe kaum zu erkennen. Sie haben an ihren Füßen keine Duftdrüsen, sodass sie Fressfeinden keine Spur zu ihren Sassen legen. Bei Gefahr flüchtet der Feldhase, nimmt ein hohes Tempo auf und baut zudem plötzliche Richtungswechsel ein – schlägt also Haken –, so entkommt er in vielen Fällen.

VORKOMMEN

Feldhasen kommen in Deutschland nahezu flächendeckend vor. Sie fehlen lediglich in den Höhenlagen der Hochgebirge. Die mit Abstand größten Bestände gibt es im nordwestdeutschen Tiefland in Niedersachsen und dem Nordwesten von Nordrhein-Westfalen. Im nordwestdeutschen Tiefland wurden 28 Hasen pro km^2 gezählt. Die zweithöchste Dichte liegt in südwestdeutschen Mittelgebirgen mit etwa 23 Hasen pro km^2. Sie bevorzugen reich strukturierte Feldlandschaften mit Brachen, Grünstreifen und Hecken, sind aber auch in Gebieten mit viel Grünland und sogar in Wäldern zu finden.

Bei Paarungskämpfen können schon mal die Fetzen – die sogenannte Rammelwolle – fliegen.

VERHALTEN

Feldhasen haben einen hervorragenden Gehör- und Geruchsinn, mit denen sie in der Lage sind, Feinde schon früh wahrzunehmen. Sie sind zwar kurzsichtig, können Bewegungen dafür blitzschnell wahrnehmen. Feldhasen verfügen zudem über ein nahezu rundum reichendes Sichtfeld von ca. 360 Grad. Trotz allem vertrauen sie oft auf ihre Tarnung und versuchen so lange wie möglich in ihrer Sasse zu bleiben. Nähert man sich, ergreifen sie erst im letzten Moment die Flucht.

Hasen brauchen abwechslungsreiche Nahrung in Form von Kräutern.

JAHRESZEIT UND TAGESZEIT

In der Regel sind Feldhasen dämmerungs- und nachtaktiv. Während der Paarung sind sie häufig auch tagsüber unterwegs. In den frühen Morgenstunden sind deine Chancen, sie zu sehen, am besten.

Januar bis Oktober

Die Paarungszeit der Tiere ist recht lang und erstreckt sich von Januar bis Oktober. Am Anfang der Paarungszeit sind die Tiere in der Regel am aktivsten. Im Spätwinter und Frühjahr kannst du dann die Hasen auch am Tag beobachten. Der Höhepunkt der Paarungszeit ist eindeutig von Mitte März bis Mitte April. Dann siehst du an sonnigen Frühlingstagen die so genannte „Hasenhochzeit". Dabei wird eine Häsin oft von einem oder mehreren paarungswilligen Männchen verfolgt. Hat die Häsin genug, kann es zu erstaunlichen „Boxkämpfen" kommen, bei denen sich Hase und Häsin aufrichten und mit ihren Vorderpfoten zuschlagen. Ein wirklich sehenswertes Spektakel.

WETTER

Feldhasen mögen gutes Wetter. Bei Regen oder Wind drücken sie sich in ihre Sassen. Bei schönem Wetter sind sie aktiver. Gerade zur Paarung ist windstilles, sonniges Wetter optimal.

BEOBACHTUNG UND AUSRÜSTUNG

Hasen können nahezu überall beobachtet werden. Am besten sind die Chancen in Gebieten mit hohen Dichten wie in Nordwestdeutschland. Dort lohnen sich vor allem die Monate März und April, wenn es am frühen Morgen schon sonnig ist. Ein gutes lichtstarkes Fernglas und eine Wärmebildkamera können sehr hilfreich sein. Zum Fotografieren eignet sich ein lichtstarkes Objektiv mit größerer Brennweite.

MEIN TIPP

Die Hasenhochzeit ist eine Beobachtung wert. Leg dich Ende März oder Anfang April an einem gut geeigneten Ort wie einem Grünweg, einer artenreichen Wiese oder Brache am frühen Morgen auf die Lauer.

DER SCHNEEHASE

Wie das Murmeltier ist der Schneehase quasi ein Relikt aus der Eiszeit. Er hat es bei uns nur in den Alpen geschafft zu überleben.

STECKBRIEF

Wiss. Name: *Lepus timidus varronis*
Kopf-Rumpflänge: bis 50 cm
Gewicht: bis 3,5 kg
Lebensdauer: bis zu 8 Jahre
Aktivität: nachtaktiv
Gefährdung: extrem selten

WISSENSWERTES

Der Schneehase ist eines der wenigen Tiere, deren Fellfarbe im Winter zu einem einheitlichen Weiß wechselt, eigentlich eine perfekte Anpassung an den Schnee. Aber diese einst so geniale Tarnung birgt heute auch Risiken für diese Tiere, denn aufgrund des Klimawandels gibt es auch in den Alpen im Winter immer weniger Schnee.

VORKOMMEN

Alpenschneehasen kommen bei uns lediglich in den Alpen ab einer Höhe von 1.300 Meter vor. Dort bewohnen sie je nach Jahreszeit unterschiedliche Bereiche und Lebensräume. Besonders wohl fühlt sich der Hase im Bereich der Baumgrenze, wo er zwischen Weiden und Latschenfeldern wechseln kann. Vorkommen gibt es in Deutschland im Nationalpark Berchtesgaden und im Allgäu, in den österreichischen Alpen, z. B. im Nationalpark Hohe Tauern, sowie in den Schweizer Alpen, z. B. am Gemmi.

VERHALTEN

Schneehasen können gut hören und auch sehen. Bei drohender Gefahr vertrauen sie auf ihre Tarnung und verbleiben meist sehr lange an Ort und Stelle. Oft flüchten sie erst im letzten Moment.

JAHRESZEIT UND TAGESZEIT

Schneehasen sind nachtaktiv. Dennoch ist es möglich, sie auch in der Dämmerung zu Gesicht zu bekommen. Zudem können sie auch ruhend am Tag entdeckt werden.

Beim Übergang vom Winter- zum Sommerfell wirken die Hasen gefleckt.

1

1 Schneehasen haben deutlich kleinere Ohren als Feldhasen.

2 Im Winterpelz und im Tiefschnee sind die Tiere fast unsichtbar.

2

MEIN TIPP

Im Nationalpark Berchtesgaden auf dem Wanderweg vom Wimbachschloss zur Wimbachgrieshütte kannst du ganzjährig mit Glück Schneehasen entlang der Bergkiefernwälder entdecken. Insbesondere in der Dämmerung stehen die Chancen nicht schlecht.

Winter

Im Winter sind Schneehasen schneeweiß gefärbt und dementsprechend gut getarnt. Mit etwas Glück kannst du die Spuren des Schneehasen im Schnee finden. Verfolgst du diese Spuren, gelingt es womöglich, ein Versteck aufzuspüren und sie aus der Ferne zu beobachten. Halte trotzdem immer den nötigen Abstand, um die Tiere nicht aufzuscheuchen.

Sommer

Im Sommer sehen Schneehasen den Feldhasen sehr ähnlich. Schneehasen haben lediglich kleinere Ohren und ein eher gräuliches statt bräunliches Fell. Bei gutem Wetter können sie dann auf alpinen Matten oder in Mulden beim Ruhen beobachtet werden.

WETTER

Schneehasen sind bei trockenen Wetterlagen aktiver. Regen mögen Hasen weniger.

BEOBACHTUNG UND AUSRÜSTUNG

Schneehasen zu finden, ist nicht einfach. Gründe dafür sind ihr heimlicher Lebensstil und ihre perfekte Tarnung. Die Hasen kannst du ohne ein Wärmebildgerät fast nicht entdecken. Sie macht das Auffinden der Tiere also erst möglich. Zudem sind ein lichtstarkes Fernglas und ein Spektiv von Vorteil.

DER FELDHAMSTER

Unsere einzige Hamsterart in Europa ist recht groß, sie hat eine ähnliche Größe wie ein Meerschweinchen.

STECKBRIEF

Wiss. Name: *Cricetus cricetus*
Größe: bis 35 cm
Gewicht: 400 – 600 g
Lebensdauer: bis zu 4 Jahre
Aktivität: dämmerungs- und nachtaktiv
Gefährdung: vom Aussterben bedroht

WISSENSWERTES

Der Feldhamster gehörte früher zu den häufigsten Nagern in Deutschland und galt sogar als Plage. Heute jedoch ist er in vielen Regionen bereits ausgestorben oder davon bedroht. Grund dafür ist die Intensivierung der Landwirtschaft, die mit den Lebensansprüchen der Tiere kollidiert. Verschiedene Schutzprojekte setzten sich für den Schutz der Tiere ein.

VORKOMMEN

In Deutschland ist sein Vorkommen auf vier Verbreitungsschwerpunkte verteilt: Mitteldeutschland (Süd-Niedersachsen, Sachsen-Anhalt und Thüringen), Rhein-Main-Gebiet (Mittelhessen, Rheinland-Pfalz und Baden-Württemberg), Franken (Bayern) und das südliche Nordrhein-Westfalen. Hamster besiedeln die landwirtschaftlichen Bördegebiete mit grabfähigen Löss- und Lehmböden, einem tieferen Grundwasserstand und verhältnismäßig wenig Niederschlag. In Österreich ist der Feldhamster als Steppentier nur im Osten des Landes (Niederösterreich, Wien, Nordburgenland) und in Ackerbaugebieten zu sehen.

Feldhamster sind größer als man denkt, fast so groß wie Meerschweinchen.

VERHALTEN

Feldhamster sind scheu. Wenn sie auf einen Menschen treffen, richten sie sich auf und versuchen den Feind mit Sprüngen und Rufen in die Flucht zu schlagen. Meistens ergreifen sie jedoch schon weit im Voraus die Flucht.

JAHRESZEIT UND TAGESZEIT

Hamster sind ganztägig aktiv, primär aber dämmerungs- und

nachtaktiv. Ihre aktivste Phase liegt in den Dämmerungsstunden kurz nach Sonnenuntergang und kurz vor Sonnenaufgang. Ihre Aktivität erreicht um ca. 20 Uhr ihr Maximum.

März bis Oktober

Die Aktivität des Feldhamsters ist sehr saisonabhängig. Er beendet in der Regel im März oder April seinen Winterschlaf. Ab Mai findet die Paarung statt. In der Regel werfen Feldhamster 1 bis 2 Mal im Jahr ihre Jungen. Gerade im Sommer und Spätsommer müssen Feldhamster Vorräte für den Winter anlegen. Sie sind dann besonders aktiv auf der Suche nach Nahrung, insbesondere für ihre Vorratskammer. Ab Oktober beginnen die Tiere sich für den Winterschlaf wieder in ihre Baue zurückzuziehen.

WETTER

Der Feldhamster ist überwiegend bei gutem Wetter unterwegs.

BEOBACHTUNG UND AUSRÜSTUNG

Den Feldhamster zu Gesicht zu bekommen ist nicht einfach, da die Tiere vordergründig dämmerungs- und nachtaktiv und zudem sehr scheu sind. Die besten Chancen bestehen an langen Tagen in Feldhamstergebieten.
Mit etwas Glück kannst du am Rand von Brachen oder auf abgeernteten Feldern Feldhamsterbaue finden, in deren Nähe du mit Zeit und Geduld die Tiere auf der Nahrungssuche entdecken kannst. Wichtig ist, die Tiere nicht zu stören und auf den ausgewiesenen Wegen zu verbleiben. Es kann gut sein, dass ein Tier am Wegesrand Nahrung sucht oder den Feldweg überquert.
Möchtest du etwas zum Schutz der Tiere beitragen, kannst du bei verschiedenen Schutzprogrammen mitmachen. Dort suchen sie auch regelmäßig Unterstützung bei Hamsterkartierungen.

MEIN TIPP

Die besten Beobachtungschancen bei Tageslicht bestehen auf dem Zentralfriedhof in Wien. Das Vorkommen dort ist in den Medien bekannt geworden. Es werden sogar Führungen angeboten.

Hamster legen Vorräte an, sie „hamstern“.

DER BIBER

Der Biber ist ein wahrer Baumeister und wird nicht umsonst Landschaftsarchitekt genannt. Außerdem ist er Deutschlands größtes Nagetier.

STECKBRIEF

Wiss. Name: *Castor fiber*
Schulterhöhe: bis 40 cm
Gewicht: 20–30 kg
Lebensdauer: bis zu 20 Jahre
Aktivität: dämmerungs- und nachtaktiv
Gefährdung: Vorwarnliste

015

Beim Schwimmen ragt bei Bibern oft nur der Kopf aus dem Wasser heraus.

VORKOMMEN

Mit ihren Bauwerken und den daraus verursachten Landschaftsveränderungen erhöhen Biber nachweislich die Biodiversität. Konsequente Schutzmaßnahmen und Wiederansiedlungen führten dazu, dass er sich wieder ausgebreitet hat. Heute ist er wieder in allen Bundesländern vertreten. Der stetig steigende Bestand wird auf 40.000 Tiere geschätzt. Die häufigsten Vorkommen liegen in Mecklenburg-Vorpommern, Brandenburg, Sachsen, Bayern, Baden-Württemberg und dem Saarland. Klassischerweise an den Flüssen Elbe, Donau, Rhein, Lippe, Spree, Oder, Saar usw. In Österreich kommt er vor allem in den kontinentalen Bereichen im Norden und Osten des Landes vor, in den Alpen ist er seltener. In der Schweiz kommt er besonders nördlich der Alpen von Bern bis Konstanz vor.

VERHALTEN

Biber können hervorragend hören und haben zusätzlich einen sehr guten Geruchssinn. Ihre Augen hingegen sind schlecht. Sie können nur Grauschattierungen im Nahbereich wahrnehmen. Bei Gefahr zieht der Biber sich über einen Fluchtweg, die Biberrutsche, schnell ins Wasser zurück, da er am Land sehr unbeholfen ist. Im Wasser selbst schlägt er bei Bedrohung mit seiner Kelle, der Schwanzflosse, aufs Wasser und taucht ab. Bei der Beobachtung ist es besonders wichtig, sich leise zu verhalten und sich passend zur herrschenden Windrichtung ein Versteck zu suchen.

JAHRESZEIT UND TAGESZEIT

Der Biber ist dämmerungs- und nachtaktiv.

November bis März

Besonders im Winterhalbjahr hinterlässt der Biber deutliche Fraßspuren. Damit kannst du auf ein Biberrevier aufmerksam werden. Dort, wo viele frische Fraßspuren sind, ist das Biberrevier oft nicht weit entfernt. In diesem Bereich solltest du Ausschau halten. Der Nachteil im Winter ist, dass der Biber den Bau weniger häufig verlässt und die Nächte lang sind. Ihn dann bei gutem Licht zu entdecken, ist deutlich schwerer, aber nicht unmöglich. Die Zeit kann genutzt werden, Biberburgen und Reviere ausfindig zu machen.

1 Mit Glück kannst du Biber an Land bei der Nahrungssuche beobachten.

2 Nagespuren verraten die Anwesenheit von Bibern am besten.

April bis August

In den Frühlings- und Sommermonaten ist es einfacher, einen Biber zu sehen. Der Grund dafür ist, dass die Nächte kurz sind und so die Chancen gut stehen, dass der Biber in der Dämmerung oder teils etwas früher aktiv wird. Zudem verlassen die jungen Biber ab Ende Juni ihren Bau und begleiten ihre Eltern. Am besten solltest du die im Winter gefundenen Reviere im Frühjahr wieder aufsuchen.

WETTER

Der Biber ist bei allen Wetterlagen unterwegs.

BEOBACHTUNG UND AUSRÜSTUNG

Am besten ist es, im Frühjahr oder Sommer die Plätze aufzusuchen, in denen du im Winter viele Spuren von Aktivität, in Form von Nagespuren, Dämmen oder Biberburgen, gefunden hast. In dieser Zeit fressen die Biber gerne frisches Grün und du kannst sie an Land beim Fressen oder im Wasser beim Abbeißen von Zweigen beobachten. Wie bereits beschrieben, sollte die eigene Position nach der herrschenden Windrichtung ausgerichtet werden und den Biber nicht stören. Auch wenn Biber schlecht sehen, kann Tarnung von Vorteil sein.

Da Biber meist spät unterwegs sind, ist ein lichtstarkes Fernglas (50 mm oder mehr Objektivdurchmesser) wichtig. Auch eine Wärmebildkamera zur Lokalisation bringt enorme Vorteile. Deine Kamera sollte geräuschlos und das Objektiv lichtstark sein.

MEIN TIPP

Gerade im Osten ist der Biber wieder sehr häufig, beispielsweise im Nationalpark Unteres Odertal oder im Biosphärenreservat Spreewald. Hier gibt es sogar einige Stellen, an denen Biber sich an Menschen gewöhnt haben. Hier lohnt es sich, nach Bibern zu schauen.

DAS MURMELTIER

Das Murmeltier ist ein „Überbleibsel“ aus der letzten Eiszeit. Durch die Veränderung des Klimas und der Landschaft konnte sich der Bestand nur noch im Hochgebirge halten.

STECKBRIEF

Wiss. Name: *Marmota marmota*
Schulterhöhe: bis 50 cm hoch
Gewicht: 3–7 kg
Lebensdauer: bis zu 12 Jahre
Aktivität: tagaktiv
Gefährdung: nicht gefährdet

016

WISSENSWERTES

Murmeltiere halten 6 bis 7 Monate Winterschlaf. In dieser Zeit leben sie ausschließlich von den Fettreserven, die sie sich über die aktive Zeit angefressen haben. Während des Winterschlafes ist ihr Körper in der Lage, die Körperfunktionen auf unter 10 % zu senken.

VORKOMMEN

Murmeltiere besiedeln bei uns ausschließlich den Alpenraum, dort aber nicht flächendeckend. Sie bewohnen Lebensräume ab 800 m bis zu maximalen Höhenlagen von 3.000 m. Dabei leben sie in der Regel auf alpinen Rasen und Almen mit genug essbaren Pflanzen und tiefgründigem Boden für ihre Baue. Gute Stellen zum Beobachten sind die Königbachsalm, die Kleinen Reibn und der Funtensee im Nationalpark Berchtesgaden. Die Umgebung der Kemptner Hütte im Allgäu, dem Gemmi in der Schweiz oder auf den Hochalpenstraßen des Großglockners bieten sich ebenso für Sichtungen an.

VERHALTEN

Murmeltiere haben gute Augen, mit denen sie stets ihre Umgebung nach Gefahren abscannen. Sobald eine Gefahr erkannt ist, warnen sich Murmeltiere gegenseitig mit schrillen Pfeiftönen. Menschen werden bei einem ausreichenden Abstand in der Regel jedoch nicht als Gefahr wahrgenommen.

JAHRESZEIT UND TAGESZEIT

Murmeltiere sind tagaktiv.

Mai bis September

Je nach Witterung erwachen die Murmeltiere Ende April bis Anfang Mai aus dem Winterschlaf. Die beste Zeit, Murmeltiere zu beobachten, erstreckt sich vom Spätfrühling bis in den Herbst. Wenn der Schnee in ihrem Lebensraum verschwindet, beginnen die Murmeltiere, aktiv zu werden. Zudem werden die Bereiche für Menschen dann auch wieder besser zugänglich. Sobald die Temperaturen sinken und es anfängt zu schneien, ca. Ende Septem-

1

1 Murmeltiere fressen auf den Bergwiesen vor allem Pflanzen und deren Blüten.

2 Sie sind immer aufmerksam und warnen sich gegenseitig bei Gefahr.

2

ber bis Anfang Oktober, begeben sich die Tiere in den Winterschlaf.

Wetter

Murmeltiere sind primär bei schönem Wetter aktiv. Bei heftigem Regen, Schnee oder zu starker Sonne bleiben sie lieber in ihrem Bau.

BEOBACHTUNG UND AUSRÜSTUNG

In Bereichen, in denen Murmeltiere vorkommen, hältst du nach den Bauen Ausschau. Wenn du Bereiche mit verschiedenen frischen Eingängen findest, lohnt es sich, dort mit ausreichend Abstand zu warten. In absehbarer Zeit kommen die Murmeltiere aus ihrem Bau. Verhalten sich die Tiere unruhig und unsicher, ist dies meist ein Zeichen dafür, dass du ihnen zu nah bist. In solchen Momenten solltest du den Abstand zu den Murmeltieren langsam vergrößern. Ein Fernglas ist bei der Beobachtung wichtig, es muss dabei nicht so lichtstark sein, da Murmeltiere tagaktiv sind. Da viele Stellen erwandert werden müssen, macht ein leichtes Fernglas Sinn. Wer ein Spektiv auch über eine längere Wanderung tragen will, um die Tiere noch besser bestaunen zu können, hat noch mehr davon. Auch eine Wärmebildkamera kann hilfreich sein, um die Tiere an den Hängen zu finden.

MEIN TIPP

Hochalpenstraße am Großglockner! Die Murmeltiere sind hier ohne Scheu, schon sehr an Menschen gewöhnt und fast zahm. Oder du besuchst die Königbachsalm im Nationalpark Berchtesgaden.

DAS REBHUHN

Einst in unserer Feldflur sehr häufig, hat das Rebhuhn aktuell mit einem Bestandsrückgang von 94 % zu kämpfen. Einem der größten unter den Feldvögeln.

STECKBRIEF

Wiss. Name: *Perdix perdix*
Flügelspannweite: 45–48 cm
Gewicht: 350–450 g
Lebensdauer: 2–6 Jahre
Aktivität: dämmerungs- und tagaktiv
Gefährdung: stark gefährdet

017

WISSENSWERTES

Rebhühner leben sehr heimlich. Auch in Regionen mit großen Populationen bekommst du sie nur schwer zu Gesicht. Meist ist das Rebhuhn zu Fuß unterwegs. Bei Gefahr flüchtet es, indem es flach über den Boden fliegt und einen Warnruf ausstößt.

VORKOMMEN

Das Rebhuhn kommt in Bereichen mit landwirtschaftlichen Flächen fast flächendeckend vor. Es fehlt natürlicherweise im Hochgebirge und in den bewaldeten Mittelgebirgen. Die Hauptverbreitung befindet sich im Nordwesten Deutschlands. In Österreich kommt es noch im Nordosten des Landes vor. In der Schweiz ist es mittlerweile ausgestorben. Hotspots in Deutschland sind der Landkreis Göttingen in Niedersachsen, die Hellwegbörde in Nordrhein-Westfalen, das Thüringer Becken, das Gießener Land und die Wetterau in Hessen.

VERHALTEN

Rebhühner sind sehr scheu und haben eine große Fluchtdistanz von etwa 100 Metern. Sie sehen ihre Feinde hervorragend und flüchten bei Gefahr. Zunächst vertrauen die Rebhühner jedoch auf ihre Tarnung und ducken sich, um so lange wie möglich unentdeckt zu bleiben.

JAHRESZEIT UND TAGESZEIT

Rebhühner sind tag- und dämmerungsaktiv. Die Balz findet hauptsächlich in der Dämmerung statt.

Februar bis März

Von Mitte Februar bis Ende März findet die Balz der Rebhühner statt, die aktivste Zeit der Tiere. Jetzt sind die Chancen sehr hoch, die so heimlichen Tiere in Aktion zu erleben. Die Balz findet ausschließlich in der „blauen Stunde“ statt, also ca. in der halben Stunde vor Sonnenuntergang bis eine Stunde danach. In dieser Zeit rufen die Hähne nach Partnerinnen und führen Revierkämpfe durch. In Gebieten mit hohen Dichten kann das auch mal etwas früher bei mehr Licht stattfinden. In der Morgendämmerung sind sie auch aktiv, aber weniger. Auch nach der Balzzeit lohnt es sich, in passenden Habitaten zu suchen, vor allem in der Dämmerungszeit.

1

MEIN TIPP

Die schönste Zeit ist die Balz. Nutze zwischen Ende Februar und Mitte März die „Blaue Stunde“ am Abend bei gutem Wetter in einem Rebhuhn-„Hotspot“ zur Beobachtung.

2

April bis Juni

Nun sind die Paare vor der Brut gemeinsam unterwegs. Mit etwas Glück kannst du sie am Wegesrand oder auf Grünwegen beobachten.

August bis Januar

Jetzt sind sie im Familienverband, den sogenannten „Ketten“, unterwegs. Gerade zu Anfang (August/September) kannst du sie auf Stoppelfeldern, am Rand von Brachen oder Maisfeldern bei der Nahrungssuche entdecken. Bei Schnee im späteren Jahresverlauf ist das ebenso möglich. Sie kratzen dann den Schnee frei, um an Nahrung zu kommen.

WETTER

Rebhühner mögen gutes Wetter. Insbesondere zur Balz muss es trocken und windstill sein.

BEOBACHTUNG UND AUSRÜSTUNG

Wer Rebhühner erleben will, sollte am besten zu einer der empfohlenen Zeiten getarnt an einer Stelle ausharren. Ein lichtstarkes Fernglas und ein lichtstarkes Kameraobjektiv sind zu empfehlen. Eine Wärmebildkamera ist wichtig, um die balzenden Hähne zu lokalisieren sowie die Ketten im Sommer auf den Stoppelfeldern zu finden. Tagsüber ist ein lichtstarkes Glas nicht nötig.

1 Rebhähne erkennst du an ihrem schwarzen Fleck unter der Brust.

2 Rebhühner sind gut getarnt. Gar nicht so leicht, sie auf dem Acker zu entdecken.

DAS AUERHUHN

Das Auerhuhn frisst Steine, die im Magen die Verdauung unterstützen, um schwer bekömmliche Nahrung wie Tannennadeln zu verarbeiten.

STECKBRIEF

Wiss. Name: *Tetrao urogallus*
Flügelspannweite: 85–127 cm
Gewicht: 1,5–4,5 kg
Lebensdauer: bis zu 10 Jahre
Aktivität: dämmerungs- und tagaktiv
Gefährdung: vom Aussterben bedroht

018

WISSENSWERTES

Das Auerhuhn kam früher häufig in allen Mittelgebirgen in Deutschland vor. Heute ist sein Bestand bis auf wenige Populationen geschrumpft. Grund dafür ist die Zerstörung des geeigneten Lebensraums, aber auch eine Störung durch die vermehrte Freizeitnutzung der Gebiete. Da das Auerhuhn vom Aussterben bedroht ist, sollten Störungen unbedingt vermieden werden.

VORKOMMEN

In Deutschland gibt es nur ein paar größere Vorkommen im Schwarzwald, im Bayerischen Wald und im Alpenraum. In Österreich und der Schweiz sind sie im Alpenraum noch relativ häufig anzutreffen.

VERHALTEN

Auerhühner haben eine sehr hohe Fluchtdistanz. Diese beträgt meist weit über 100 Meter. In der Nähe von Balzplätzen beträgt sie oft sogar 400 Meter und mehr. Da die Auerhühner sehr empfindlich sind, sollte man sich nur auf Wegen aufhalten und ausgewiesene Ruhezonen unbedingt meiden.

JAHRESZEIT UND TAGESZEIT

Auerhühner sind tagaktiv. Die Hauptaktivität liegt in den frühen Morgenstunden. Später am Tag halten sie sich oft in den Bäumen auf.

Mitte März bis Mai

Nun findet die Balz der Tiere statt, die Hauptzeit beginnt erst Anfang April. Noch im Dunkeln, zwei Stunden vor Sonnenaufgang, starten die Hähne mit der Balz. Sie dauert in der Regel bis die Sonne aufgeht, ggf. noch länger und wiederholt sich manchmal noch einmal in der Abenddämmerung. In manchen Regionen, wie im Nationalpark Berchtesgaden, kannst du die Balzrufe mit Glück von den Wanderwegen aus hören.

1 Ihre beeindruckende Statur und ihr besonderes Gefieder machen Auerhähne sehr prächtig.

2 Hennen sind weniger auffällig, sie zu entdecken kann eine Kunst sein.

1

2

September bis Dezember

Im späteren Jahresverlauf sind die Tiere oft an bestimmten Stellen auf Nahrungssuche: Sie fressen in den Bäumen die Nadeln oder Knospen. Auf Schotterwegen suchen sie dazu nach Magensteinen. Dort kannst du die imposanten Vögel in den frühen Morgenstunden antreffen.

WETTER

Auerhühner brauchen gutes Wetter. Regen und Wind wirken sich zur Balz negativ auf ihre Aktivität aus.

BEOBACHTUNG UND AUSRÜSTUNG

Auerhühner zu beobachten ist nicht leicht, gerade weil sie sehr scheu und störungsanfällig sind. Gute Chancen, die Tiere zu beobachten und gleichzeitig nicht zu stören, bestehen, wenn man ganz früh morgens als Erster auf den Wegen unterwegs ist. Wenn du dann auf ein Auerhuhn triffst, halte inne und lass das Tier gewähren. Eine Wärmebildkamera kann helfen, die getarnten Hennen vom Wegesrand ausfindig zu machen oder sie in den Bäumen zu lokalisieren. Ein kleineres Fernglas reicht aus.

MEIN TIPP

Im Nationalpark Berchtesgaden hast du gute Beobachtungschancen, wenn du früh morgens in den hoch gelegene Fichtenwäldern unterwegs bist. Bleib auf den Wegen und halte genug Abstand zu den Tieren.

BEI DER BIRKHUHNBALZ IN DEN ALPEN

Ein magischer Sternenhimmel, wunderschönes Bergpanorama, der Ruf eines Raufußkauzes und plötzlich die Schatten von Vögeln um mich herum ...

019

Während meines Studiums absolvierte ich von August bis Oktober ein Praktikum im Nationalpark Berchtesgaden in einem Schutzprogramm für Steinadler. Die anderen Praktikanten und ich waren daher täglich in einer Landschaft unterwegs, die malerischer nicht hätte sein können. Während der Woche überwachten wir die Steinadler, dokumentierten ihre Aktivitäten und unterstützten Forschungsarbeiten. An den Wochenenden erkundete ich die Alpen auf eigene Faust. Ich stieg frühmorgens ins Geröllfeld des Watzmanns, um Alpenschneehühner zu sehen, suchte an Regentagen nach Alpensalamandern und beobachtete Gämsen, Steinböcke und Murmeltiere. Mein Fernglas und meine Kamera waren stets dabei – die Mühe zahlte sich aus. Die Wochen vergingen wie im Flug, jeder Tag brachte neue Erlebnisse mit sich.

Kurz vor Praktikumsende erhielten ein anderer Praktikant und ich eine besondere Aufgabe: In einem schwer zugänglichen Gebiet sollte ein Adlerpaar bestätigt werden. Dafür stiegen wir auf ein 1.800 Meter hohes Plateau und verbrachten vier Tage in einer abgelegenen Hütte ohne Strom und Trinkwasser. Der Aufstieg war anstrengend, doch die Gegend war atemberaubend: Eine urige Hütte, umgeben von goldgelben Lärchen, mit Blick auf den Watzmann. Die erste Nacht war unruhig. Mäuse huschten über unsere Schlafsäcke, und ohne Feuer wurde es eisig kalt. Doch bereits am ersten Tag entdeckten wir das Adlerpaar mit seinem Jungvogel, der mit der Thermik aufstieg. Euphorisch kehrten wir zu unserer Hütte zurück.

In der Nacht zeigte sich ein beeindruckender Sternenhimmel, begleitet vom Ruf eines Raufußkauzes. In der frühen Morgenkälte wachte ich auf und erkundete die Umgebung.

Auf meinem Weg vernahm ich um mich herum plötzlich Schatten von großen ankommenden Vögeln. Es wurde hektisch und laut, doch ich erkannte die Rufe und die Silhouetten der Tiere sofort. Die blaue Stunde begann und ich bemerkte, dass ich mich inmitten eines Balzplatzes der Birkhühner befand. Gleich 20 Birkhähne gluckerten vor sich hin, kämpften und balzten direkt um mich herum und ließen sich nicht stören – und das direkt am Wegesrand. Als die Sonne aufgegangen war, verschwanden die Birkhähne wieder in den umliegenden Bäumen. Mit einzigartigen Erinnerungen und beeindruckenden Fotos kehrte ich zur Hütte zurück – ein Erlebnis, das ich bestimmt nie vergessen werde.

1

2

1 Vier Tage verbrachten wir in der atemberaubenden Landschaft auf 1.800 m Höhe.

2 Die Birkhuhnbalz hat mich so überwältigt. Die Männchen überboten sich gegenseitig mit ihrem Spektakel.

DER BASSTÖLPEL

Für beeindruckende Beobachtungen lohnt sich ein Ausflug nach Helgoland. Basstölpel sind die größten Vögel der Nordsee.

STECKBRIEF

Wiss. Name:
Morus bassanus
Flügelspannweite:
170–192 cm
Gewicht: 3–3,5 kg
Lebensdauer: bis zu ca. 35 Jahre
Aktivität: tagaktiv
Gefährdung:
extrem selten

020

WISSENSWERTES

Basstölpel sind Koloniebrüter. Sie brüten in Felswänden auf Inseln und Küsten am Meer. Plastikmüll und Offshore-Windparks werden für die eigentlich nicht gefährdeten Vögel zur Gefahr.

VORKOMMEN

In Deutschland kommt der Basstölpel als Brutvogel ausschließlich auf der Hochseeinsel Helgoland vor. Außerhalb der Brutzeit sind sie über der gesamten Nordsee zu sehen.

VERHALTEN

Basstölpel sind zutraulich und zeigen wenig Scheu gegenüber Menschen. Selbst an ihren Brutkolonien lassen sie sich kaum von der Anwesenheit der Menschen stören.

JAHRESZEIT UND TAGESZEIT

Basstölpel sind tagaktiv, zumindest jagen sie nur am Tag.

April bis Juli

In dieser Zeit brüten die Vögel am Brutfelsen auf Helgoland. Dort bauen sie an den Steilfelsen ihre Nester, brüten und ziehen ihre Jungen groß. Du kannst sie dort aber schon ab Ende Februar bis Anfang März antreffen. Zu dieser Zeit lassen sich die Tiere auf Helgoland hervorragend aus nächster Nähe beobachten. Die restliche Zeit des Jahres leben die Basstölpel auf hoher See, sowohl auf Atlantik und Mittelmeer als auch auf der Nordsee.

WETTER

Die Basstölpel sind bei jedem Wetter in der oben genannten Zeit am Brutfelsen zu sehen.

BEOBACHTUNG UND AUSRÜSTUNG

Viel Ausrüstung ist bei der Beobachtung am Brutfelsen nicht nötig. Wer eine Kamera mitnimmt, sollte ein Objektiv mit geringer Brennweite verwenden. Zum Teil stehst du den Vögeln auf den Wegen direkt gegenüber. Ein kleines Fernglas kann für detailreiche Beobachtungen und für das Studieren von Basstöpel & Co. an der Felswand hilfreich sein.

1

1 Mit Spannweiten bis zu 1,80 m sind Basstölpel besonders im Flug imposant.

2 Auf Helgolands Felsen lassen sich die Basstölpel in der Brutzeit perfekt beobachten.

3 Die grauen Jungvögel haben noch nicht so ein schönes Gefieder wie die Alttiere.

2

MEIN TIPP

Auf nach Helgoland! Zwischen April und Juli sind dort großartige Beobachtungen garantiert. Zudem lassen sich dort auch andere einzigartige Arten beobachten wie Trottellumme, Tordalk, Dreizehenmöwe und Eissturmvogel.

3

DIE ROHRDOMMEL

Ihr einzigartiger dumpfer Ruf „uu-huumb" hat der Rohrdommel auch den Namen „Moorochse" eingebracht.

STECKBRIEF

Wiss. Name: *Botaurus stellaris*
Flügelspannweite: 125–135 cm
Gewicht: 0,8–2 kg
Lebensdauer: ca. 11 Jahre
Aktivität: dämmerungs- und nachtaktiv
Gefährdung: gefährdet

021

WISSENSWERTES

Die Rohrdommel ist ein Meister der Tarnung. Mit ihrem Gefieder ist sie perfekt an den Lebensraum im Schilf angepasst. Bei Gefahr nimmt sie die sogenannte Pfahlstellung ein, bei der sie sich zur Tarnung wie Schilf nach oben streckt und sich leicht mit dem Wind bewegt.

VORKOMMEN

Im Westen Deutschlands ist die Rohrdommel sehr selten. Dort kommen nur vereinzelt Brutpaare vor. Hierbei handelt es sich um ca. 10 % des Gesamtbestandes der Rohrdommel. Im Osten gibt es noch 800 bis 850 Brutpaare, mit dem Schwerpunkt im Nordosten. Sehr gute Vorkommen gibt es an der Mecklenburgischen Seenplatte, der Oder und der Müritz. In Österreich gibt es einige Brutpaare im Gebiet des Neusiedler Sees.

VERHALTEN

Rohrdommeln vertrauen vollkommen auf ihre Tarnung. Sie sind deswegen nicht so scheu, es sei denn, man kommt ihnen zu nah.

JAHRESZEIT UND TAGESZEIT

Rohrdommeln sind dämmerungs- und nachtaktiv.

März bis Juni

In dieser Zeit balzen die Männchen und stoßen ihren unverkennbaren dumpfen Ruf aus, der meist über mehrere Kilometer zu hören ist. Anhand der Rufe kannst du einen bestimmten Bereich lokalisieren, in dem sich zumindest ein Männchen aufhält und sein Revier hat. An diesen Stellen kannst du es dann mit Glück und viel Geduld von einem Deich oder Beobachtungsturm aus entdecken.

MEIN TIPP

Dort, wo es viele Rohrdommeln gibt, ist die Chance natürlich größer, welche zu sehen, z. B. im Nationalpark „Unteres Odertal". Dort kannst du im Frühling oder im Winter, am besten mit Wärmebildkamera, an geeigneten Schilfflächen Ausschau nach ihnen halten.

Dezember bis Februar

Besonders in strengen Wintern ist die Sichtung von Rohrdommeln einfacher. Doch die standorttreuen Tiere (Teil- und Kurzstreckenzieher) leiden dann oft unter den herrschenden Bedingungen. Sind die Gewässer vereist, halten sich die Tiere häufiger an offenen Stellen im Wasser auf oder suchen wie andere Reiher auf Wiesen nach Nahrung. Wer also nach Rohrdommeln sucht, sollte nach offenen Gewässerstellen mit Schilf am Rand Ausschau halten. Da die Winterzeit sehr herausfordernd für die Rohrdommeln ist, sollte man sie jetzt erst recht nicht stören und sie nur aus ausreichender Entfernung beobachten.

WETTER

Für die Balz ist windstilles und regenfreies Wetter wichtig. Im Winter sind die Chancen auf Sichtungen bei niedrigen Temperaturen mit gefrorenen Gewässern am höchsten.

BEOBACHTUNG UND AUSRÜSTUNG

Da Rohrdommeln perfekt getarnt sind, ist eine Wärmebildkamera zum Ausmachen der Tiere in Schilfbeständen von großem Vorteil. Ein Spektiv und ein Fernglas sind für schöne Beobachtungen hilfreich. Bei Kameras ist eine große Brennweite unabdingbar.

1 Im Flug fallen Rohrdommeln mehr auf.

2 Perfekt getarnt und an das Leben im Schilf angepasst, ist die Rohrdommel dort schwer zu finden.

1

2

BESONDERE ENTEN

Von den über 20 Entenarten, die du in Deutschland sehen kannst, brüten insgesamt nur 13 hier. Einige davon sind recht häufig, andere treten selten auf und kommen nur in einem begrenzten Bereich vor. Die meisten Arten lassen sich im Winter als Gäste beobachten. Einige Arten können auf geeigneten Gewässern im Binnenland, in Feuchtgebieten, in Flussauen und Mooren beobachtet werden. Andere Arten, wie die Meerenten, kannst du in der Regel nur an Nord- oder Ostsee sehen. Viele Arten haben eine hohe Fluchtdistanz. Gerade überwinternde Enten brauchen Energie und können sich ständige Fluchtflüge nicht leisten.

Enten lassen sich hervorragend am Tag beobachten. Besonders eignet sich hierfür die Balzzeit im Frühjahr von April bis Juni. Aber vor allem von Oktober bis März kannst du die großen Trupps und die verschiedenen Wintergäste auf Gewässern beobachten. Ein Spektiv ist hilfreich, um die verschiedenen Arten bestimmen zu können.

SPIESSENTE 023

Anas acuta

Die Spießente (unten) gehört zu den größten und spektakulärsten Entenarten bei uns. Sie kommt hier vor allem als Wintergast vor. Dort kannst du sie in den Feuchtgebieten der Küsten und im Binnenland auch in größeren Trupps beobachten. Als Brutvogel ist die Spießente sehr selten und kommt mit wenigen Paaren in den küstennahen Feuchtgebieten der Nordsee vor.

LÖFFELENTE 022

Spatula clypeata

Sie gehört zu den auffälligsten Enten bei uns. Dies liegt vor allem an dem markanten Gefieder und dem außergewöhnlichen Schnabel, besonders der Erpel (Foto oben, Weibchen darunter). Löffelenten lassen sich in der Brutzeit in den großen Feuchtgebieten wie dem Dümmer, an den Küsten, in der Wetterau und am Steinhuder Meer beobachten. Im Winter trifft man sie in großen Trupps in verschiedenen Feuchtgebieten der Küsten und des Binnenlandes.

SCHELLENTE 025

Bucephala clangula

Die Schellente ist eher in Wald- oder Gehölznähe anzutreffen. Das liegt daran, dass sie, anders als viele andere Entenarten, in Baumhöhlen brütet. Die Schellente ist zur Brutzeit, aber auch im Winter häufig an und auf den Stauseen der Mittelgebirge zu finden. Du kannst sie aber auch im Osten Deutschlands auf Gewässern finden, im Winter auch in Trupps auf der Ostsee. Die Fotos zeigen den Erpel (oben) und das Weibchen (unten).

MEIN TIPP

In der Brutzeit ist der Dümmer See in Niedersachsen ein toller Ort, um einige der hier brütenden Entenarten zu sehen. Zudem sind sie dort relativ nah und nicht so scheu.

EIDERENTE 024

Somateria mollissima

Die Eiderente gehört zu den Meerenten und ist auch dort zu finden. Die Brut- und Überwinterungsgebiete der Tiere liegen ausschließlich an der Nord- und Ostseeküste. Die größten Bestände liegen im Wattenmeer, insbesondere auf den Inseln. Eiderenten lassen sich oft auch in Küstennähe beobachten. Die Fotos zeigen den Erpel (oben) und das Weibchen (unten).

GÄNSE ALS WINTERGÄSTE

Zu den Brutvögeln gehören mit Ausnahme der Neozoen, wie z. B. Nilgänse und Kanadagänse, bei uns nur Graugänse, vereinzelt auch Weißwangengänse und Blässgänse. Alle anderen Gänse sind Wintergäste. Die Hauptrastgebiete sind die Nord- und Ostseeküste, der Niederrhein und geeignete Rastgebiete in der norddeutschen Tiefebene. In Österreich gibt es am Neusiedler See bedeutende Trupps von überwinternden Gänsen. Gänse sind auch in ihrem Überwinterungsgebiet sehr scheu und vorsichtig. Jede Flucht der Tiere verbraucht unnötige Reserven, die die Tiere im Winter dringend benötigen.
Gänse sind tagaktiv, in der Nacht schlafen sie oft auf Gewässern. Je nach Art treffen die Gänse ab September bei uns ein und verbleiben bis zum März. Zum Teil bilden sich in dieser Zeit riesige Gänsetrupps, die nach Nahrung suchen. Bei der Beobachtung ist aufgrund der Entfernung ein Spektiv notwendig. Nur so ist es auch möglich, seltenere Arten in den großen Trupps zu entdecken.

SAATGANS 026
Anser serrirostris

Die Saatgans kannst du bei uns im Winter n verschiedenen Bereichen beobachten, z. B. in Wallnau auf Fehmarn, am Dollart, am Dümmer und am Niederrhein, aber auch an der Ostsee, z.B. auf dem Darß-Zingst, auf Rügen und Usedom.

KURZSCHNABELGANS 027
Anser brachyrhynchus

Die Kurzschnabelgans brütet weit im Norden auf Spitzbergen. Im Winter zieht sie über Dänemark in die Niederlande, wo die meisten Kurzschnabelgänse überwintern. Man kann sie hier in den üblichen Überwinterungsgebieten vereinzelt beobachten. Meist sind sie von Saat- oder Blässgänsen umgeben.

BLÄSSGANS 028

Anser albifrons

Die Blässgans ist einer der häufigsten Wintergäste bei uns. Ab Mitte September kommen die ersten bei uns an, sowohl im Wattenmeer als auch im Binnenland. Dort findet man sie auf Feuchtgrünland oder Wintergetreideäckern. Als Schlafplätze nutzen sie Seen, Meeresbuchten oder Flüsse. Auch am unteren Niederrhein überwintern jährlich bis zu 200.000 Blässgänse.

ZWERGGANS 029

Anser erythropus

Die Zwerggans gehört zu den seltensten Gänsen. Gelegentlich überwintern einige wenige in Deutschland. Du kannst sie dann an der Nordseeküste oder am Niederrhein antreffen. Gelegentlich auch woanders. Es lohnt sich, im Winter immer einen Blick in die Meldeportale, z. B. ornitho.de zu werfen, um von aktuellen Sichtungen zu erfahren. Du kannst sie in großen Trupps von Blässgänsen finden.

WEISSWANGENGANS 030

Branta leucopsis

Die Weißwangengans gehört bei uns zu den häufigsten nordischen Wintergänsen. Du kannst sie im Winter ganz hervorragend entlang der gesamten Nordseeküste beobachten. Oft kommt sie in riesigen Schwärmen vor. Oft kannst du Weißwangengänse auch hinter dem Deich auf großen Getreidefeldern bei der Nahrungssuche entdecken und beobachten.

RINGELGANS 031

Branta bernicla

In Deutschland lässt sich die Ringelgans überwiegend am niedersächsischen Wattenmeer beobachten. Die besten Monate zum Beobachten sind Oktober, November und März bis Mai. Zwischen Dezember und Februar sind oft etwas weniger Individuen zu sehen.

ROTHALSGANS 032

Branta ruficollis

Seltener Wintergast. Relativ regelmäßig kannst du Rothalsgänse an den Bislicher Inseln in Nordrhein-Westfalen beobachten. Aber auch in Schleswig-Holstein an der Westküste und an der Unterelbe ist sie anzutreffen. Sie zu entdecken ist oft nicht leicht. Meist befindet sich nur ein einzelnes Tier inmitten von Hunderten bis Tausenden anderer Gänse. Auch hier hilft oft ein Blick in die Meldeportale.

DER BARTGEIER

Er ernährt sich fast ausschließlich von Knochen. Da er über die stärkste Magensäure im gesamten Tierreich verfügt, kann er diese gut verdauen.

STECKBRIEF

Wiss. Name: *Gypaetus barbatus*
Flügelspannweite: 230–290 cm
Gewicht: 5–7 kg
Lebensdauer: bis 50 Jahre
Aktivität: tagaktiv
Gefährdung: ausgestorben, aktuell Auswilderung

033

VORKOMMEN

Der Bartgeier ist mit Abstand der größte bei uns vorkommende Greifvogel. Nach seiner vollständigen Ausrottung ist er heute dank Auswilderungsprogrammen wieder im Alpenraum vertreten. Besonders in der Schweiz und Österreich, aber auch in Deutschland hat es seit dem Jahr 2021 wieder Auswilderungen gegeben. Bartgeierbruten gibt es in den Schweizer Kantonen Wallis und Graubünden. In Österreich gibt es ca. neun Brutpaare in den Zentralalpen. Mit fünf Brutpaaren ist der Nationalpark Hohe Tauern ein Hotspot.

VERHALTEN

Bartgeier haben vor allem hervorragende Augen. Das spielt jedoch bei der Beobachtung keine große Rolle. In der Regel siehst du die Tiere nur auf weite Entfernung. Mit etwas Glück kannst du sie oberhalb von Felswänden kreisen sehen, wenn die Tiere die Thermik nutzen, um in höhere Gebiete aufzusteigen. So ist manchmal sogar eine nähere Beobachtung der Tiere möglich. Dort schauen sie sogar gern mal neugierig.

JAHRESZEIT UND TAGESZEIT

Bartgeier sind tagaktiv. Die Aktivität steht und fällt mit der Thermik. Windrichtung und Sonne sind somit entscheidend.

November und Dezember

Jetzt findet die Balz der Bartgeier statt. In dieser Zeit lassen sich die spektakulären Balzflüge der Tiere beobachten. Dazu gehören Verfolgungsflüge, Loopings und Flüge auf dem Rücken.

Januar bis Mai

In dieser Zeit finden Brut und Aufzucht der Jungvögel statt. In der Regel eine gute Zeit, die Tiere in

1

2

1 Der „Bart" am Schnabel des Vogels verleiht ihm seinen Namen.

2 Die Bestimmung anhand seiner unverwechselbaren Silhouette im Flug ist mit Übung auch aus weiter Entfernung möglich.

der Nähe des Brutplatzes zu beobachten. Bei guter Thermik kreisen die Vögel an Felswänden hoch und begeben sich auf Nahrungssuche.

WETTER

Bartgeier sind fast nur bei gutem Wetter unterwegs, da sie die Thermik für ihren Flug nutzen. Sonne und Wind spielen dabei eine besondere Rolle. Auch die Windrichtung ist zu beachten. Südwind ist optimal.

BEOBACHTUNG UND AUSRÜSTUNG

Da Bartgeier oft nur aus weiter Entfernung zu beobachten sind, ist ein Spektiv notwendig, um die Tiere zu entdecken. Ein Fernglas ist auch empfehlenswert, es sollte aber, wenn du in den Bergen unterwegs bist, möglichst leicht sein. Eine Wärmebildkamera kann hilfreich sein, um einen Brutplatz in einer Felswand zu entdecken. Ein Objektiv mit großer Brennweite von mindestens 500 mm ist von Vorteil.

MEIN TIPP

Die besten Chancen hast du am Gemmipass in der Schweiz. Dort liegt ein Hotel auf 2.200 m Höhe (Übernachtungen lohnen sich hier), wo die örtlichen Bartgeier an einer dort liegenden Felswand regelmäßig hochkreisen. Einmalige, störungsfreie und auch nahe Beobachtungen sind dort gut möglich.

DER STEINADLER

Steinadler kommen bei uns nur noch in den Alpen vor. Sie sind unheimlich stark und können sogar Reh- und Gamskitze erbeuten.

STECKBRIEF

Wiss. Name:
Aquila chrysaetos
Flügelspannweite:
bis 230 cm
Gewicht: 3–7 kg
Lebensdauer:
bis zu ca. 35 Jahre
Aktivität: tagaktiv
Gefährdung:
extrem selten

034

WISSENSWERTES

Steinadler sind zwar nur die zweitgrößten heimischen Adler, aber sicherlich genauso stark, wenn nicht gar stärker als Seeadler. Sie können sogar Reh- und Gamskitze erbeuten. Die Horste der Steinadler liegen unterhalb ihrer Jagdgebiete. Somit können die Steinadler ihre Beute von oberhalb in den Horst eintragen und sparen Kraft, da die Beute nicht in einen höheren Horst getragen werden muss.

VORKOMMEN

Steinadler kommen bei uns nur noch in den Alpen in ausgewählten Lebensräumen vor. Sie brauchen Felswände oder, seltener, Bäume, in denen sie brüten können. Ebenso muss ein ausreichendes Nahrungsangebot vorhanden sein. Dort besteht die Hauptnahrung der Steinadler je nach Gebiet zu ca. 60 % aus Murmeltieren. Deswegen ist das Vorkommen von Murmeltieren im Jagdgebiet der Adler von großer Bedeutung. Gute Bestände befinden sich zudem im Nationalpark Berchtesgaden, im Allgäu, im Nationalpark Hohe Tauern in Österreich oder am Gemmi in der Schweiz.

VERHALTEN

Steinadler haben hervorragende Augen, mit denen sie ihre Beute und ihre Feinde aus weiter Entfernung entdecken können. In der Regel ist es sehr unwahrscheinlich, einen Adler auf der Entdeckungsreise zu stören, da meist eine große Entfernung zum Tier besteht. Grundsätzlich sind sie aber sehr scheu.
In Ausnahmefällen kann es vorkommen, dass man einem Adler während eines Aufstieges an einer Felswand recht nah kommt.

JAHRESZEIT UND TAGESZEIT

Steinadler sind ausschließlich tagaktiv. Die höchste Aktivität der Adler ist am Vormittag mit beginnender Thermik.

1

2

1 Am häufigstem kannst du Steinadler im Flug beobachten.

2 Steinadler gehören bei uns zu den stärksten Greifvögeln. Das verdeutlichen auch ihre großen Fänge.

Februar und März

Im Spätwinter findet die Balz der Steinadler statt. Hier wird die Paarbindung gefestigt, da Steinadler ihre Partner nicht wechseln, also monogam leben. Bei der Balz werden häufig Flugspiele vollzogen, die sogenannten Girlandenflüge, bei denen Bergkämme girlandenartig abgeflogen werden. Das ist ein lohnendes Flugspektakel.

Mai bis August

Je nach Brutbeginn schlüpfen die Jungen Ende April bis Mitte oder Ende Mai. Von da an werden sie von beiden Elterntieren mit Nahrung versorgt, wobei das Weibchen gerade am Anfang länger und häufiger beim Jungtier bleibt. In dieser aktionsreichen Zeit ist viel zu beobachten. Mit Glück kannst du den Horststandort in einer Felswand einsehen und die Brut genau beobachten. Wenn das Junge flügge wird, übt es das Fliegen. Ebenfalls eine gute Gelegenheit, die Steinadler zu beobachten.

Wetter

Steinadler benötigen zum Fliegen gute Thermik. Daher sind sie in der Regel bei gutem Wetter und wenig Wind unterwegs.

BEOBACHTUNG UND AUSRÜSTUNG

Steinadlerbeobachtungen lohnen sich sowohl im Spätwinter bei der Balz als auch zu einem späteren Zeitpunkt bei der Jungenaufzucht. Da man die Tiere häufig aus weiter Entfernung beobachtet, lohnt sich hier der Einsatz eines Spektivs. Wer die Tiere fotografieren möchte, sollte unbedingt ein Objektiv mit viel Brennweite (500 mm oder mehr) nutzen.

MEIN TIPP

Der wunderschöne Nationalpark Berchtesgaden! Dort kannst du im Klausbachtal oder im Wimbachtal Adler entdecken. Mit etwas Glück kannst du von dort aus auch den Horststandort einsehen. Im Nationalpark werden regelmäßig Führungen angeboten.

DER SEEADLER

Der Seeadler ist das Wappentier Deutschlands. Ein Zeichen für eine tiefe Verbundenheit zu diesem Adler.

STECKBRIEF

Wiss. Name: *Haliaeetus albicilla*
Flügelspannweite: bis 250 cm
Gewicht: bis 7 kg
Lebensdauer: bis 30 Jahren
Aktivität: tagaktiv
Gefährdung: ungefährdet

035

WISSENSWERTES

Der Seeadler gehört zu den größten Greifvögeln Europas. Mit seinen brettartigen Flügeln und dem recht kurzen Schwanz ist er unverwechselbar. Während die Jungvögel noch recht dunkel gefärbt sind, werden Seeadler mit zunehmendem Alter immer heller.

VORKOMMEN

Nach seiner fast vollständigen Ausrottung im Jahr 1.900, brüten nun wieder über 1.000 Brutpaare in Deutschland. Mittlerweile gibt es wieder Bruten in Niedersachsen, Nordrhein-Westfalen, Thüringen, Sachsen, Sachsen-Anhalt, Brandenburg, Schleswig-Holstein und Mecklenburg-Vorpommern. Die größten Vorkommen gibt es im Nordosten Deutschlands, insbesondere an den Küsten und Seen. Sehr viele gibt es z. B. im Nationalpark Müritz, im Nationalpark Unteres Odertal oder auf Usedom. In Österreich gibt es eher wenige Brutpaare, unter anderem in den March-Thaya-Auen, dem Nationalpark Donau-Auen sowie im Waldviertel.

VERHALTEN

Seeadler haben hervorragende Augen und sehen Feinde und Beute schon aus weiter Entfernung. Sie sind recht scheu und sollten besonders an ihren Brut- und Ruheplätzen nicht gestört werden.

JAHRESZEIT UND TAGESZEIT

Seeadler sind ausschließlich tagaktiv. Ihre höchste Aktivität ist am Vormittag mit beginnender Thermik. Seeadler sind Standvögel und bleiben somit ganzjährig im Revier.

Januar bis Mitte März

Im Winter findet die Balz der Seeadler statt, hauptsächlich von Ende Januar bis Mitte März. In dieser Zeit kannst du mit etwas Glück die spektakulären Balzflüge der riesigen Greifvögel beobachten.

1 Seeadler kannst du auch beim Aasfressen beobachten, oft zusammen mit Krähen und Kolkraben.

2 Die brettartigen Flügel und der kurze Stoß machen Seeadler im Flug unverwechselbar.

Juni bis Juli

Nach dem Schlüpfen müssen die Eltern die Jungen mit Nahrung versorgen. Sie jagen dann viel mehr.

August bis Oktober

Nach dem Flüggewerden der Jungvögel sind in dieser Zeit schlagartig mehr Tiere unterwegs, da die Jungen nun selbst Nahrung jagen und nach einem eigenen Revier suchen müssen. In dieser Zeit ist die Chance daher hoch, auch unerfahrene Jungvögel beobachten zu können.

WETTER

Seeadler brauchen zum Fliegen eine gute Thermik, deswegen sind sie in der Regel bei gutem Wetter und wenig Wind unterwegs.

BEOBACHTUNG UND AUSRÜSTUNG

Die besten Beobachtungen gelingen – ohne zu stören – sicherlich im Jagdgebiet der Adler. Das sind oft Bereiche an der Küste und an Seen, wo sie Wasservögel und Fische jagen. Wenn man eine Stelle mit regelmäßiger Jagdaktivität entdeckt, lohnen sich dort Ansitze mit Tarnung. Wenn ein Seeadler in der Nähe ist und jagt, erkennst du das oft auch an dem Auffliegen der Wasservögel. Sie sitzen dort auch auf Bäumen, Steinen oder auf dem Boden. Da sich die Adler oft eher in weiter Ferne befinden, lohnt sich der Einsatz eines Spektivs. Wer die Tiere fotografieren möchte, sollte ein Objektiv mit viel Brennweite nutzen (500 mm oder mehr).

MEIN TIPP

Hervorragende Beobachtungschancen bestehen im Nationalpark „Unteres Odertal". Aber auch auf der Halbinsel Usedom sind die Chancen, Seeadler beobachten zu können, sehr gut.

DIE WIESENWEIHE

Die Wiesenweihe gehört zu den elegantesten Greifvögeln bei uns. Sie ist eine von drei heimischen Weihenarten in Deutschland.

STECKBRIEF

Wiss. Name:
Circus pygargus
Flügelspannweite:
bis 120 cm
Gewicht: bis 380 g
Lebensdauer:
bis 16 Jahre
Aktivität: tagaktiv
Gefährdung:
stark gefährdet

036

WISSENSWERTES

Die Wiesenweihe war früher ein Vogel der Feuchtgebiete und Moore. Besonders ist, dass sie eine der wenigen Greifvogelarten ist, die auf dem Boden brütet. Aufgrund des starken Verlusts dieser Lebensräume, musste sich die Wiesenweihe auf Sekundärhabitate umstellen und brütet heute in Getreidefeldern in der Agrarlandschaft. Dort ist sie auf Schutzmaßnahmen von Landwirten und Naturschützern angewiesen, da die Ernte des Getreides häufig früher ist, als die Jungen flügge werden. So wird vor der Ernte ein Teil des Getreides um das Nest stehen gelassen, sodass die Tiere ungestört flügge werden können. Zudem leiden sie als Bodenbrüter auch unter dem Druck von Beutegreifern wie Fuchs, Marder oder Waschbär. Aus diesen Gründen sind die filigranen Greifvögel bei uns sehr selten geworden.

VORKOMMEN

Wiesenweihen sind in Deutschland sehr selten geworden. Es gibt in Deutschland mehrere verstreute Populationen in vielen Bundesländern. Die größten Populationen befinden sich in Bayern, Niedersachsen, Brandenburg, Mecklenburg-Vorpommern, Schleswig-Holstein und Nordrhein-Westfalen. Über 50 % der Brutpaare Deutschlands leben in Bayern. Sie besiedeln dort v. a. reich strukturierte Ackerbaugebiete und Börden, die Mainfränkischen Platten, das Nördlinger Ries und der Niederbayerische Gäuboden. In Österreich gibt es nur wenige Vorkommen im nordöstlichen Waldviertel, im Nordburgenland und in den feuchten Ebenen südlich von Wien und im Weinviertel.

VERHALTEN

Wiesenweihen haben hervorragende Augen. Nähert sich eine potenzielle Gefährdung dem Nest, fliegen die Altvögel auf und beginnen lauthals mit einem keckernden Ruf zu warnen. Auch wenn Weihen in der Kulturlandschaft in der Nähe des Menschen brüten, muss der Abstand zu den Neststandorten gewahrt werden, um die Tiere nicht zu stören. Störungen der Tiere können im schlimmsten Fall zu Brutabbrüchen führen.

1

MEIN TIPP

Die besten Chancen auf gute Beobachtungen bestehen in der Umgebung ihres Reviers. Auf Bäumen, Zaunpfählen oder blanken Feldern können dann die Eltern oft beim Ruhen beobachtet werden. Diese Stellen werden regelmäßig angeflogen, sodass es sinnvoll ist, sich dort vor Sonnenaufgang getarnt zu positionieren.

2

3

1 Beuteübergaben sind spektakuläre Flugmanöver.

2 Jungtiere sind deutlich anders befiedert als die Elterntiere.

3 Durch die schmalen Flügel erkennt man Weihen oft schon von Weitem.

1

JAHRESZEIT UND TAGESZEIT

Wiesenweihen sind tagaktiv. Am aktivsten sind sie ab dem frühen Vormittag bis in die Mittagsstunden, dann weniger. Später am Nachmittag werden sie wieder aktiver. Wiesenweihen sind Zugvögel und folglich nur von Ende April bis September bei uns anzutreffen.

Ende April bis Mai

Ab etwa dem 20. April treffen die ersten Wiesenweihen aus ihren Überwinterungsgebieten bei uns ein. Unmittelbar nach ihrer Ankunft machen sie sich auf die Suche nach einem potenziellen Partner. Haben sich zwei Wiesenweihen gefunden, beginnt ein intensives Balzgeschehen. Dazu gehören sehr imposante Balzflüge des Männchens: Es fliegt mehrere Hundert Meter hoch und stößt dabei hohe Laute aus, dann lässt es sich taumelnd und mit spektakulären Flugmanövern nach unten stürzen. Am intensivsten ist in der Regel die Balzzeit in den ersten drei Maiwochen. Somit sind die Chancen, die Tiere zu beobachten, in dieser Zeit am größten.

Juni bis August

Das Weibchen brütet, verbleibt die meiste Zeit im Nest und wird vom Männchen versorgt. Sobald die Jungen geschlüpft sind, bringt das Männchen Futter für alle ins Nest. Es kann vorkommen, dass auch ein anderes Männchen die Futtersuche unterstützt, beispielsweise wenn es selbst seine Brut verloren hat, alleine unterwegs ist oder noch jung und unerfahren ist. Die Beute wird dem Weibchen im Flug bei eindrucksvollen Beuteübergaben gebracht. Meistens verfüttert dann das Weibchen die Beute an die Jungen. Wenn die Brut älter ist, beteiligt sich das Weibchen ebenfalls an der Futtersuche. Sobald die Jungen flügge sind, üben sie das Fliegen und Jagen zusammen mit ihren Geschwistern. Auch in dieser Zeit

2

3

1 Wiesenweihen sind wahre Flugkünstler und können ruckartig auf der Stelle stehen.

2 Das Eintragen von Nistmaterial ist ein eindeutiges Zeichen für den Brutbeginn.

3 Männchen ruhen gern in der Nähe des Nestbereichs auf dem Boden oder auf Sitzwarten.

werden sie zuerst noch von ihren Eltern versorgt. Auch dann können spannende Beuteübergaben beobachtet werden. Aber Achtung! Bei Anzeichen, dass sich die Tiere gestört fühlen, z. B. wenn die Alttiere Warnrufe von sich geben oder den Bereich meiden, solltest du den Beobachtungspunkt unmittelbar verlassen. Werden die Tiere zu sehr gestört, besteht die Gefahr, dass sie die Brut abbrechen.

WETTER

Weihen sind bevorzugt bei trockenem und windstillerem Wetter unterwegs. Bei Wind oder Regen ruhen sie oft auf Sitzwarten. Nach Regenschauern kann die Aktivität steigen.

BEOBACHTUNG UND AUSRÜSTUNG

Die besten Beobachtungsbedingungen hast du natürlich, wenn du ein Revier findest. Du solltest es den Behörden melden, falls es noch nicht bekannt ist, da es sonst vorkommen kann, dass die Tiere der landwirtschaftlichen Ernte zum Opfer fallen. Sie ruhen dort gerne auf Bäumen oder Zaunpfählen und haben außerdem feste Rupfplätze, wo sie die Beute für die Jungen bearbeiten. Du findest dort auffällig viele Federn, Beutereste und Gewölle unter den Bäumen oder Zaunpfählen. Es kann von Vorteil sein, die Tiere aus dem Auto zu beobachten. Sie zeigen weniger Scheu, als wenn sie dich in der freien Landschaft entdecken. Zur Beobachtung empfiehlt sich die Balzzeit von Ende April bis Ende Mai oder Mitte Juli, wenn die Jungen flügge werden und noch von den Eltern versorgt werden. Da du ausreichend Abstand halten solltest, brauchst du unbedingt ein Fernglas oder ein Spektiv. Die Lichtstärke der Geräte ist nicht entscheidend. Wenn du die Tiere auch fotografieren möchtest, solltest du wegen der großen Fluchtdistanz zu hohen Brennweiten greifen (500 mm oder mehr).

DIE WIESENWEIHEN UND ICH

Eine Schwäche für Greifvögel hatte ich schon immer. Kein Wunder also, dass sie im Naturschutzstudium sehr oft Thema meiner Haus- und Abschlussarbeiten waren. Von den Wiesenweihen möchte ich dir nun erzählen.

Als ich mein Studium beendete, begann ich unmittelbar im Naturschutz zu arbeiten. Meine Aufgaben sind seitdem vielfältig und umfassen unter anderem die Betreuung von Schutzgebieten, Wildtiermanagement, Monitoring und vieles mehr. Ein Teil meines Aufgabenfeldes ist der Schutz der seltenen Weihearten. Dazu gehören die Wiesen- und die Rohrweihe, selten auch die Kornweihe.

Da ihre ursprünglichen Bruthabitate selten geworden sind, hat sich vor allem die Wiesenweihe auf das Brüten im Getreide spezialisiert. Anders als viele andere Greifvogelarten, brütet sie auf dem Boden. Aus diesem Grund ist sie besonders auf meine Hilfe als Naturschützer angewiesen, vor allem deswegen, weil der Erntezeitpunkt des Getreides in den meisten Fällen vor dem Flüggewerden der Jungvögel liegt.

Zunächst muss ich die Neststandorte in den Feldern finden, was aufgrund der Größe der Gebiete und des Verhaltens der Tiere oft nicht einfach ist. Wenn ich die Nester dann mithilfe einer Drohne entdecke, werden sie in enger Zusammenarbeit mit den betroffenen Landwirten vor der Bearbeitung geschützt. Zusätzlich sichere ich die Nester mit einem speziellen Schutzzaun, um sie vor Fressfeinden wie Füchsen und Waschbären zu schützen. Vor der Ernte stecke ich eine Schutzzone von 50 × 50 m ab, die dem Landwirt anschließend vergütet wird. So können die Tiere dank der intensiven Zusammenarbeit von Landwirten und Naturschützern auch in diesen Zeiten überleben. Wichtig sind außerdem von Landwirten geschaffene Naturschutzflächen wie Brachen, die den Tieren als Nahrungsgebiete dienen. Dort finden sie viele Beutetiere wie Mäuse, Feldvögel und Insekten. Um den Schutz zu verbessern und mehr über die Tiere herauszufinden, beringe ich die Jungvögel. Sie erhalten einen individuellen Metallring mit einer einzigartigen Zahlenkombination sowie einen Farbring mit zwei Farben und Ziffern, durch die sie auch aus der Entfernung erkannt werden können. So kann ich beispielsweise ihre Flugroute ermitteln und nachvollziehen, wo sie ggf. verunglückt sind. Diese Arbeit im Naturschutz ist äußerst intensiv, belohnt mich aber seit Jahren durch die beeindruckenden Beobachtungen dieser faszinierenden Tiere jedes Jahr aufs Neue. Der Schutz einzelner Arten ist zwar aufwendig, aber wir erhalten so faszinierende Vögel auch für unsere Nachkommen.

Schutzmaßnahmen für Leitarten, wie der Wiesenweihe, in Form von Vertragsnaturschutzflächen helfen der gesamten Lebensgemeinschaft der Agrarlandschaft.

1 Zunächst baue ich den Zaun auf, der das Nest vor Raubtieren schützt.

2 Die Jungtiere werden von mir beringt.

3 Begeistert sind sie davon nicht und versuchen besonders bedrohlich zu wirken.

4 Die jetzt schon älteren Jungvögel nutzen den Schutzzaun als Sitzwarte.

1

2

3

4

DIE GROSSTRAPPE

Die Großtrappe ist eine kräftige Bodenbewohnerin und die schwerste flugfähige Vogelart in Deutschland.

STECKBRIEF

Wiss. Name: *Otis tarda*
Flügelspannweite: 170 - 260 cm
Gewicht: 6 - 16 kg
Lebensdauer: 20 - 25 Jahre
Aktivität: tagaktiv
Gefährdung: vom Aussterben bedroht

037

WISSENSWERTES

Bei kaum einem Vogel ist der Größenunterschied zwischen den Geschlechtern so groß wie bei der Großtrappe. Männchen sind doppelt so groß wie die Weibchen. Weibchen wiegen zudem nur ein Drittel so viel wie die Männchen.

VORKOMMEN

Bis zu Beginn des 20. Jahrhunderts waren Großtrappen in Deutschland und Österreich noch recht häufig als Brutvögel in der Agrarlandschaft zu finden. Durch die Intensivierung der Landwirtschaft und die daraus resultierenden Veränderungen, sind sie heute nur noch in Reliktvorkommen vorhanden. In Deutschland liegen die größten Vorkommen in Brandenburg im Havelländischen Luch und in Sachsen-Anhalt im Hohen Flämming.
In Österreich befinden sich die Vorkommen im Burgenland, insbesondere auf der Parndorfer Platte, dem Heideboden und dem Hansag. Zudem gibt es eine kleinere Population im Vorland des Nationalparks Donau-Auen.

VERHALTEN

Großtrappen haben hervorragende Augen und sehen Feinde aus weiter Entfernung. Hinzu kommt, dass sie eine enorme Fluchtdistanz von ca. 400 bis 600 Metern aufweisen. Beobachtungen sind demnach nur aus großer Entfernung oder völlig getarnt möglich, ohne die Tiere zu stören.

JAHRESZEIT UND TAGESZEIT

Großtrappen sind tagaktiv. Die Hauptaktivität liegt meist in den frühen Morgenstunden und am Abend. Sie sind Standvögel und bleiben das ganze Jahr bei uns.

März bis Mai

Nun findet die Balz der Großtrappen statt. Diese gehört zu den spektakulärsten Ereignissen im Jahr der Tiere. Auf traditionellen Balzplätzen führen die Männchen ihre Balz auf und rangeln gegeneinander.
Die sehenswerten Balztänze der Männchen sind in der Morgen- und Abenddämmerung am intensivsten. Die traditionellen Balzplätze dürfen nicht gestört werden.

MEIN TIPP

Gute Chancen für Sichtungen hast du im Havelländischen Luch. Dort befindet sich der Beobachtungsturm Buckow, von dem du die Tiere besonders gut in der Balzzeit beobachten kannst.

1

2

Juni bis August

Nun ist die Zeit der Jungaufzucht. Jetzt können die Weibchen mit ihren Jungen, die Nestflüchter sind, beobachtet werden. In der Bodenvegetation sind die Kleinen nahezu unsichtbar.

Oktober bis Januar

Nach der Brut sammeln sich die Trappen in Überwinterungstrupps. Dann verlassen sie die Kernzonen der Schutzgebiete und sind weit außerhalb auf Feldern zu finden. Dabei können sie sogar in der Nähe von Straßen auftauchen. Aber bitte nicht stören und ihre hohe Fluchtdistanz beachten.

WETTER

Besonders die Balz ist witterungsabhängig. Es sollte regenfrei und möglichst windstill sein. Je milder das Wetter ist, desto eher beginnt die Balz.

BEOBACHTUNG UND AUSRÜSTUNG

Aufgrund der hohen Fluchtdistanz und der daraus resultierenden weiten Entfernung zu den Tieren, ist ein Spektiv für gute Beobachtungen unabdingbar. Auch eine Wärmebildkamera kann für eine Entdeckung der Tiere auf den Flächen hilfreich sein. Wer die Tiere fotografieren möchte, sollte Objektive mit besonders großer Brennweite mitbringen (500 mm oder mehr).

1 Trappenhähne wirken durch ihre Größe und ihr Gefieder sehr beeindruckend.

2 Aufgrund ihrer großen Fluchtdistanz sieht man die Tiere häufig nur aus weiter Entfernung.

DER KRANICH

Seine lauten Flugrufe zur Zugzeit hast du sicher schon gehört. Dann fliegen die imposanten Vögel in V-Formationen über uns hinweg. Der Kranich gilt als Symbol für Frieden und Glück.

STECKBRIEF

Wiss. Name: *Grus grus*
Flügelspannweite: 200 - 245 cm
Gewicht: 3 - 6 kg
Lebensdauer: 20 - 40 Jahre
Aktivität: tagaktiv
Gefährdung: ungefährdet

038

WISSENSWERTES

Egal, ob während der Balz oder auf dem Zug, der Kranich lässt mich immer wieder erstaunen. Deutschland trägt nicht nur Verantwortung für die hier brütenden Kraniche, sondern auch für die Rastplätze, die auch für Kraniche aus dem Norden unverzichtbar sind, um ihre Überwinterungsgebiete zu erreichen.

VORKOMMEN

Kraniche brüten vorwiegend in Ost- und Norddeutschland. Die Hauptverbreitung liegt dabei in Mecklenburg-Vorpommern, Brandenburg, Niedersachsen, Sachsen-Anhalt und Schleswig-Holstein. In Thüringen, Nordrhein-Westfalen und Bayern gibt es nur kleinere Vorkommen. Zudem gibt es international bedeutende Rastplätze mit mehreren 10.000 rastenden Vögeln. Diese befinden sich in der Darß-Zingster Boddenkette, auf Rügen, in der Diepholzer Moorniederung und im Rhin-Havelluch.

VERHALTEN

Kraniche verfügen über gute Augen und eine sehr hohe Fluchtdistanz, welche unter Umständen sogar einen Kilometer beträgt.

JAHRESZEIT UND TAGESZEIT

Kraniche sind tagaktiv. Die Balzaktivität findet in der Regel in den frühen Morgenstunden statt. Auch an den Rastplätzen lohnt sich morgens eine Beobachtung, bevor einige Kraniche wieder weiterziehen.

März und April

Jetzt ist die Hauptzeit der Balz und damit der Höhepunkt des „Kranichtanzes“, dem beeindruckenden Balzritual dieser Tiere. Dabei springen und trompeten die Kranichpaare und laufen umher. Ein sehr sehenswertes Naturschauspiel.

Abgeerntete Mais- und Getreidefelder bieten willkommene Stärkung.

1

2

3

1 Kranichküken sind Nestflüchter und lernen so früh nach Nahrung zu suchen.

2 Ihre Trompetenrufe verraten sie schon, bevor du die Vögel am Himmel siehst.

3 Besonders in Mooren sind Kraniche zu Brut und Rast häufig anzutreffen.

September bis November

Je nach Wetterlage erfolgt der Kranichzug zwischen September und November. Ein genauer Höhepunkt des Zugs und des Rastgeschehens lässt sich nicht voraussagen und ist abhängig von der Witterung.

WETTER

Die Balzaktivität ist nur bei guten Witterungsbedingungen gegeben. Der Zug beginnt im Herbst, meist bei Kälteeinbrüchen. Gerade bei schlechten Wetterlagen sammeln sich große Trupps von rastenden Kranichen auch außerhalb der großen Rastgebiete.

BEOBACHTUNG UND AUSRÜSTUNG

Kraniche lassen sich gut an ihren Brutplätzen in Mooren in Nord- und Ostdeutschland beobachten. Zudem gelingen auch großartige Beobachtungen an den großen o. g. Kranichrastplätzen. Wichtig ist es, die Tiere nicht zu stören, also ordentlich Abstand zu halten und sich möglichst zu tarnen. Da die Fluchtdistanz recht hoch ist, kann ein Spektiv zur Beobachtung sehr hilfreich sein. Zudem ist es für die Fotografie sinnvoll, möglichst Objektive mit großen Brennweiten zu nutzen (500 mm oder mehr).

MEIN TIPP

Die mit Abstand besten Plätze, sowohl in der Brutzeit als auch auf dem Zug, gibt es in der Diepholzer Moorniederung und der Zingster Boddenkette. Dort brüten viele Paare und auf dem Zug rasten dort bis zu 100.000 Individuen.

WUNDERBARE WATVÖGEL

Watvögel, sogenannte Limikolen, kannst du vor allem in großen Feuchtgebieten und an Küsten beobachten, z.B. an der Nordseeküste, am Dümmer, in der Diepholzer Moorniederung, am Steinhuder Meer, am unteren Niederrhein, in den Rieselfeldern Münster, am Bodensee, in den Donau-Auen, am Neusiedler See, im Müritz-Nationalpark, in der Vorpommerschen Boddenlandschaft und im Unteren Odertal. Watvögel sind in der Regel recht scheu und meist tagaktiv. Die beste Jahreszeit zum Beobachten dieser Tiere ist das Frühjahr von März bis Juni. Die Zugzeit von August bis Oktober ist ebenfalls lohnenswert, um viele Arten zu entdecken.

KIEBITZ 039

Vanellus vanellus

Sowohl Brut- als auch Rastvogel. Man kann ihn hinter den Küsten, in Feuchtgebieten, aber auch noch in der Agrarlandschaft antreffen. Als Brutvogel kommt der Kiebitz insbesondere in der norddeutschen Tiefebene, z.B. am Dümmer, der Rheinmündung und an den Küsten vor. Er ist als Überwinterer im Dezember und Januar und von Februar bis November als Brut- oder Rastvogel bei uns zu beobachten.

BRACHVOGEL 040

Numenius arquata

Brachvögel sind ab Mitte Februar in den Brutgebieten. Das sind Feuchtgebiete wie Moore und extensive Feuchtwiesen. Ihre Hauptverbreitung als Brutvogel liegt in Deutschland, und zwar in der norddeutschen Tiefebene. Zudem gibt es einige Hotspots entlang der Donau in Bayern. Viele sind zur Zugzeit am Wattenmeer.

KAMPFLÄUFER 041

Calidris pugnax

Sehr selten, wenige Brutpaare v.a. an der Nordsee in Schleswig-Holstein. Bei uns ist er jedoch häufiger als Zugvogel zu beobachten. Er brütet und rastet insbesondere in Feuchtgebieten. Im Prachtkleid kann man ihn allerdings nur im Frühjahr von Ende April bis Juni sehen. Am Dümmer, in der Geltinger Birk und dem Katinger Watt kannst du Kampfläufer gut beobachten.

STELZENLÄUFER 042
Himantopus himantopus

Bei uns selten. Brütet unregelmäßig und vereinzelt in Deutschland, beispielsweise im Nordosten von Nordfriesland, gelegentlich auch woanders. In Österreich brütet er am Neusiedler See. Auf dem Zug ist er als seltener Rastvogel in verschiedenen Gebieten in Deutschland zu finden.

SÄBELSCHNÄBLER 043
Recurvirostra avosetta

Die kontrastreiche Farbe und der auffällige Schnabel machen ihn besonders und unverwechselbar. In Deutschland auch Brutvogel, besonders an den Küsten, vor allem Nordsee, nicht gefährdet. Die Brutzeit erstreckt sich von April bis August. Ein guter Platz zur Beobachtung ist Wallnau auf Fehmarn.

FLUSSREGENPFEIFER 044
Charadrius dubius

Bei uns einer der kleinsten Watvögel. Ursprünglich war er entlang von Flüssen, v. a. an Kies- und Sandbänken anzutreffen. Durch den Verlust dieser Lebensräume nun häufiger in Kiesgruben oder auf Industriebrachen. Brutzeit von April bis Juni. Außerdem als Rastvogel auf dem Zug zu sehen.

UFERSCHNEPFE 045
Limosa limosa

Sehr selten, du kannst sie bei uns fast ausschließlich in Moor- und Feuchtwiesengebieten sehen. Überwiegend sind sie bei uns nur noch in der norddeutschen Tiefebene, ganz vereinzelt in anderen Bereichen zu finden. Auf dem Zug ist sie gelegentlich auch woanders anzutreffen. Ab März ist sie als Brutvogel bei uns.

ALPENSTRANDLÄUFER 046
Calidris alpina

Kleiner Watvogel, als Brutvogel in Deutschland fast ausgestorben. Als Rastvogel an den Küsten relativ häufig. Im Binnenland als Gast. Alpenstrandläufer, die aus dem hohen Norden bei uns auftauchen, sind häufig nur wenig scheu. Sie suchen Nahrung im Spülsaum des Meeres. Dort gelingen schöne Beobachtungen.

MORNELLREGENPFEIFER 047
Charadrius morinellus

Seltener Rastvogel in der Agrarlandschaft auf Kuppellagen südwestexponiert und an der Nordseeküste. Bedeutendste Gebiete: Nordsee, Hellwegbörde in Nordrhein-Westfalen und Maifeld in Rheinland-Pfalz. Nur vom 15.08. bis 15.09. und kurz im Mai rastend. Schlechtes Wetter begünstigt Notrast.

DIE WALDOHREULE

Die Eule mit den charakteristischen Federohren am Kopf, die gar keine Ohren sind! Die Waldohreule gehört zu den häufigsten Eulen bei uns.

STECKBRIEF

Wiss. Name: *Asio otus*
Flügelspannweite: 86–98 cm
Gewicht: 250–370 g
Lebensdauer: bis 28 Jahre
Aktivität: überwiegend dämmerungs- und nachtaktiv
Gefährdung: ungefährdet

048

Wenn die Bäume das Laub verlieren, wechseln die Waldohreulen in die dichteren Nadelbäume.

WISSENSWERTES

Die Waldohreule wird auch kleiner Uhu genannt. Grund dafür sind das ähnliche Aussehen und der ähnliche Ruf, sie ist aber deutlich kleiner und schmaler.

VORKOMMEN

Waldohreulen kommen nahezu flächendeckend in Deutschland vor. Ausnahmen sind große, dichte Waldgebiete und das Hochgebirge. Dabei besiedeln sie offene Waldgebiete und Feldlandschaften mit Hecken oder Feldgehölzen. Sie kommen aber auch in Städten vor, z. B. in großen Parks, auf Friedhöfen und in Gärten. In geeigneten Habitaten leben sie ebenso auch in Österreich und der Schweiz.

VERHALTEN

Wie alle Eulen haben sie hervorragende Augen und ein ausgezeichnetes Gehör. Waldohreulen sind wenig scheu, besonders, wenn sie in von Menschen besiedelten Lebensräumen beheimatet sind. Wenn sie sich gestört fühlen, nehmen sie eine ganz schmale Gestalt an und machen sich dünn. Die Eulen dann unbedingt in Ruhe lassen.

JAHRESZEIT UND TAGESZEIT

Dämmerungs- und nachtaktiv.

Februar und März

Im Februar und März findet die Balzzeit der Waldohreulen statt. In dieser Zeit sind sie verstärkt zu hören. Eine gute Gelegenheit, um herauszufinden, wo sie leben. Sie rufen leise, daher muss oft intensiver nach ihnen gesucht werden. Aus größerer Entfernung sind sie nicht zu hören. Auch das Flügelklatschen ist ein typisches Balzverhalten.

Mai und Juni

Hauptsächlich im Mai und Juni sind die jungen Ästlinge der Waldohreulen aktiv. Nachdem sie zügig das Nest verlassen haben, werden sie von ihren Eltern noch zwei Monate versorgt. Besonders auffällig sind dann ihre lauten Bettelrufe. Wer während dieser Zeit in der Abenddämmerung oder nachts in geeigneten Habitaten sucht, wird in

1

2

1 Im dichten Gebüsch ist es oft nicht einfach, Waldohreulen zu entdecken.

2 Achte immer darauf, dass die Tiere bei deiner Beobachtung entspannt bleiben. Dann störst du sie nicht.

absehbarer Zeit welche hören. Anschließend kann man diesen Bereich am Tag aufsuchen und wird die Jungtiere und, mit etwas Glück, auch die Eltern am Tag ruhend entdecken können.

August bis Dezember

Nach der Brutzeit sammeln sich Waldohreulen in traditionellen Schlafgemeinschaften, die bis zu 200 Tiere umfassen können. Diese befinden sich häufig in dichten Hecken oder Wäldchen und werden oft über Jahrzehnte genutzt. Beim Aufspüren solcher Orte können dir die cremefarbenen bis gelblichen Kotspritzer an Pflanzen oder am Boden von Hecken helfen, auch eine Häufung von Gewölle ist ein Hinweis. Wenn du einen solchen Platz gefunden hast, kannst du die Eulen dort am Tag beobachten. Wichtig dabei ist, die Tiere nicht zu stören.

WETTER

Die Aktivität der Waldohreulen ist bei gutem Wetter am höchsten.

BEOBACHTUNG UND AUSRÜSTUNG

Die Eulen lassen sich besonders gut in der Nähe ihres Brut- oder Schlafplatzes beobachten. Wichtig ist dabei, die Tiere nicht zu stören, ausreichend Abstand zu halten und auf Warnzeichen der Eulen zu achten. Wer sie in der Nacht und Dämmerung bei der Balz beobachten möchte, braucht ein lichtstarkes Fernglas (50er oder mehr). Bei der Beobachtung am Tag bei ruhenden Tieren oder später bei den Jungen benötigt man das eher nicht. Eine Wärmebildkamera hilft enorm, die ruhenden Tiere und die Ästlinge zu finden. Ein lichtstarkes Objektiv mit großer Brennweite ist wichtig für gute Fotos.

MEIN TIPP

Im Frühjahr einen Brutplatz oder im Winter einen Schlafplatz suchen. Oft befindet sich ein Schlafplatz auch in der Nähe eines Brutplatzes. Dort kannst du die Tiere dann mit Vorsicht das ganze Jahr über beobachten.

DER UHU

Einfach beeindruckend: Der Uhu ist die größte Eule der Welt. Er hat hervorragende Augen und ein sehr gutes Gehör.

STECKBRIEF

Wiss. Name: *Bubo bubo*
Flügelspannweite: bis 170 cm
Gewicht: bis 2,7 kg
Lebensdauer: bis 35 Jahre
Aktivität: nachtaktiv
Gefährdung: ungefährdet

049

MEIN TIPP

Steinbrüche und Bereiche mit Felswänden bieten die besten Chancen. Achte dort in der Balzzeit auf Rufe. Danach kannst du die Felswände mit dem Spektiv und der Wärmebildkamera aus nicht störender Entfernung nach den Tieren absuchen.

WISSENSWERTES

Der Uhu ist wohl einer der anpassungsfähigsten Vögel bei uns, sowohl in Bezug auf seine Beute als auch auf seine Brutplätze. Uhus fressen Ratten, Vögel, Igel, junge Füchse, andere Greifvögel und vieles mehr. Sie brüten in Felswänden, alten Greifvogelhorsten oder einfach auf dem Boden.

VORKOMMEN

Der Uhu wird in Deutschland wieder häufiger. Die meisten Vorkommen befinden sich in den Mittelgebirgen. Allerdings breitet er sich auch im Flachland weiter aus. Die größten Bestände gibt es in Bayern, Rheinland-Pfalz, Hessen, Nordrhein-Westfalen und Schleswig-Holstein. Am häufigsten sind sie in Bereichen mit guten Brutplätzen zu finden, wie Felswände oder Steinbrüche. Auch in Österreich und der Schweiz ist der Uhu weit verbreitet.

VERHALTEN

Uhus haben hervorragende Augen, mit denen sie sogar in der Nacht sehr gut sehen können. Zudem verfügen sie über ein sehr gutes Gehör. Manche Individuen sind sehr scheu, andere wiederum leben sogar auf sehr belebten Stadtfriedhöfen und sind an Menschen gewöhnt. Besonders zur Brutzeit sollten die Tiere durch den Menschen nicht gestört werden.

JAHRESZEIT UND TAGESZEIT

Uhus sind nachtaktiv. Im Frühjahr besteht jedoch die Chance, sie bereits in der Dämmerung anzutreffen.

September, Oktober und Januar, Februar

Im September beginnt bei den Uhus die Herbstbalz, die sich bis in den November ziehen kann. Von Januar bis Februar findet die Hauptbalz statt. In beiden Perioden sind Uhus sehr rufaktiv. In der Herbstbalz rufen überwiegend die Männchen. In der Frühjahrsbalz rufen sowohl Männchen als auch Weibchen. Die Balz findet jeweils in der Nähe des Brutplatzes statt. Uhus kannst du aus vielen Kilometern Entfernung hören. So können Aktionsbereiche dieses Tieres gut ausfindig gemacht werden. Zudem ist es vor allem in

1

2

3

1 Der Uhu ist die größte Eule der Welt und ein Top-Prädator.

2 Folgst du den Rufen, kannst du vielleicht einen Uhu im dichten Wald ausfindig machen.

3 Mit Glück kannst du ein Nest an einer Steilwand im Steinbruch finden.

Vollmondnächten möglich, den imposanten Vogel auf erhöhten Singwarten, also z. B. einem Baum, an Felswänden oder auf einem Kirchturm, bei der Balz zu beobachten.

März bis Juli

Das ist die Zeit der Brut und Jungenaufzucht. Wenn Uhus in natürlichen Felswänden oder Steinbrüchen brüten, lassen sie sich sehr gut und ohne Störung beobachten. Die Jungen verlassen zügig das Nest und können sodann im Umkreis des Horstes angetroffen werden.

WETTER

Insbesondere bei der Balz sind Uhus nur bei guten Witterungsbedingungen aktiv.

BEOBACHTUNG UND AUSRÜSTUNG

Gut eignen sich Beobachtungen an natürlichen Brutplätzen, wie z. B. Felswänden oder Steinbrüchen. Dort lassen sich sowohl die Balz als auch die Brut aus geeigneter Entfernung und ohne Störung der Tiere genießen. Kotspritzer an den Felswänden, Rupfplätze oder geschälte Igel in geeigneten Habitaten geben Hinweise auf das Vorkommen von Uhus. Da Uhus größtenteils in der Nacht unterwegs sind, ist ein lichtstarkes Fernglas mit einem Objektivdurchmesser von 50 mm oder mehr wichtig. Zur Beobachtung der Tiere an Felswänden ist ein Spektiv von Vorteil. Um die Tiere zu lokalisieren, ist ein Wärmebildgerät fast unverzichtbar.

DER STEINKAUZ

Im Vergleich zu anderen Eulenarten ist der Steinkauz ein Kulturfolger. Unsere drittkleinste Eulenart galt im antiken Griechenland als Vogel der Weisheit.

STECKBRIEF

Wiss. Name: *Athene noctua*
Flügelspannweite: 50–57 cm
Gewicht: bis 200 g
Lebensdauer: bis 15 Jahre
Aktivität: überwiegend dämmerungs- und nachtaktiv
Gefährdung: gefährdet

050

VORKOMMEN

Steinkäuze kommen vorwiegend im westlichen Teil Deutschlands vor. In Nordrhein-Westfalen, Niedersachsen, Hessen und Rheinland-Pfalz gibt es mit Abstand die größten Bestände. In anderen Bundesländern sind die Vorkommen sporadischer. Sie bevorzugen besonders kurzrasige Weiden und Mähwiesen mit altem Baumbestand, wie beispielsweise Obstbäumen oder Kopfbäumen. Sie brüten in Baumhöhlen, Scheunen, aber auch in künstlichen Nistkästen.

VERHALTEN

Wie alle Eulen haben Steinkäuze hervorragende Augen und auch ein ausgezeichnetes Gehör. Sie sind nicht so scheu wie andere Eulenarten, insbesondere solche, die in unmittelbarer Nähe des Menschen brüten.

JAHRESZEIT UND TAGESZEIT

Steinkäuze sind dämmerungs- und nachtaktiv, können aber auch bei gutem Wetter vor der Höhle oder in der Nähe ihres Brutplatzes in der Sonne ruhend beobachtet werden. In der Brutzeit auch häufig schon zwei Stunden vor Sonnenuntergang aktiv.

Februar und März

Je nach Standort findet die Balz des Steinkauzes im Februar und März statt. Dann ist die beste Zeit, die kleinen Käuze zu hören und bei Mondschein oder in der Dämmerung auch bei der Balz zu beobachten. In der Nähe des Balzbereiches befindet sich in der Regel in Baumhöhlen, Brutkästen oder in Gebäuden auch der Brutplatz der Tiere.

April bis Juli

Von April bis Juli verläuft in der Regel die Brutzeit. Sobald du einen Brutplatz lokalisierst, stehen die Chancen gut, die Tiere in dieser Zeit beobachten zu können. Wichtig ist auch hier wieder, sie nicht zu stören. Das Männchen versorgt zuerst das brütende Weibchen mit Nahrung. Das Füttern der Jungen wird auch hier in der ersten Zeit vom Männchen übernommen, während das Weibchen weiterhin brütet. Im weiteren Verlauf beteiligt

1 Steinkäuze sind Kulturfolger und häufig auch an Gebäuden anzutreffen.

2 Sie fressen auch Insekten, so wie diesen Maikäfer.

3 Steinkäuze sind auch in Obstwiesen mit altem Baumbestand zu finden.

1

2

3

sich das Weibchen an der Fütterung. Ein Höhepunkt ist, wenn die Jungen die Bruthöhle verlassen und als sogenannte Ästlinge in der Umgebung des Nestes versorgt werden.

WETTER

Steinkäuze können insbesondere bei gutem Wetter beobachtet werden. Dies gilt für die Balzzeit und auch für die Beobachtung von ruhenden Tieren am Tag vor ihrer Höhle. Bei gutem Wetter schauen sie vielleicht mit dem Kopf aus der Höhle heraus.

BEOBACHTUNG UND AUSRÜSTUNG

Besonders an Streuobstwiesen oder in der Nähe von Höfen mit kurzrasigen Weiden lassen sich Steinkäuze gut entdecken. Wer sie in der Nacht und in der Dämmerung bei der Balz beobachten möchte, braucht ein lichtstarkes Fernglas mit einem Objektivdurchmesser von 50 mm oder mehr. Eine Wärmebildkamera hilft, die ruhenden Tiere zu finden. Ein lichtstarkes Objektiv mit großer Brennweite ist ausschlaggebend für gute Fotos.

MEIN TIPP

Eines der Hauptverbreitungsgebiete in Deutschland ist das Münsterland in Nordrhein-Westfalen. In nahezu jeder Streuobstwiese und auf jedem kleinen Hof befindet sich ein Brutpaar. Die Chancen, dass du dort einen entdeckst, sind sehr hoch.

DER BIENENFRESSER

Er ist wohl der bunteste Vogel Deutschlands – wunderschön schillert sein Gefieder. Neben Bienen jagt der Bienenfresser auch andere große Fluginsekten.

STECKBRIEF

Wiss. Name: *Merops apiaster*
Flügelspannweite: 44–49 cm
Gewicht: 45–55 g
Lebensdauer: bis zu 10 Jahre
Aktivität: tagaktiv
Gefährdung: ungefährdet

051

WISSENSWERTES

Bienenfresser sind Koloniebrüter und brüten in Höhlen, die selbst von ihnen gegraben werden. Dafür benötigt er Abbruchkanten an Gewässern, Sand- oder Kiesgruben. Die Bruthöhlen können in einer Kolonie recht nah beieinander liegen. Für den Bau einer Höhle braucht ein Paar zwei bis drei Wochen.

VORKOMMEN

Der Bienenfresser ist in Deutschland recht lückenhaft verbreitet. Die Brutvorkommen liegen überwiegend in den wärmebegünstigten Regionen in Rheinland-Pfalz, am Kaiserstuhl in Baden-Württemberg und in Sachsen-Anhalt. In der Schweiz kommt der Bienenfresser vorwiegend im Wallis, in Wardt und in Genf vor. In Österreich sind Bienenfresser im Burgenland und in Niederösterreich verbreitet. Gute Beobachtungsgebiete in Deutschland sind: Kaiserstuhl, Grube bei Merseburg in Sachsen-Anhalt und Lambsheim in der Pfalz. In Österreich trifft man sie am ehesten im Nationalpark Donau-Auen, am Neusiedler See, im Weinviertel und in den Hainburger Bergen an. In der Schweiz leben sie vor allem im Leukerfeld im Wallis.

VERHALTEN

Bienenfresser sind recht scheu und haben eine große Fluchtdistanz von ca. 100 bis 200 Metern. Besonders am Brutplatz sind Störungen unbedingt zu vermeiden, da diese, gerade in der Anfangszeit, zu Brutabbrüchen führen können.

JAHRESZEIT UND TAGESZEIT

Bienenfresser sind tagaktiv. Sie sind wärmeliebend und jagen Fluginsekten, daher sind sie auch am Nachmittag aktiv.

Mai bis August

Bienenfresser kommen erst recht spät, ca. Mitte Mai, aus ihren Überwinterungsgebieten zurück nach Deutschland. Dann beginnen sie sofort mit der Balz. Hat sich ein Paar gefunden, fangen sie gemeinsam an, die Bruthöhle zu bauen.

Anschließend wird gebrütet und die Jungtiere werden großgezogen. Beide Tiere beteiligen sich an Brut und Aufzucht. Bienenfresser sind sehr gesellig und sitzen auch außerhalb des Brutplatzes gern zusammen, beispielsweise zum Ansitz zur Jagd auf Insekten oder beim Ruhen auf Zweigen.

WETTER

Bienenfresser sind absolute Wärmeliebhaber. Auch ihre Beute benötigt gutes Wetter, um aktiv zu sein. Bei schlechtem Wetter kannst du sie gemeinsam auf Zäunen, abgestorbenen Bäumen und Stromleitungen ruhen sehen. Warme und windstille Bedingungen eignen sich so am besten für Beobachtungen.

BEOBACHTUNG UND AUSRÜSTUNG

Wer im späten Frühjahr oder Sommer einen der oben genannten Orte aufsucht, hat gute Chancen, Bienenfresser zu entdecken. Da sie sehr scheu sind, ist es nicht einfach, gute und störungsfreie Beobachtungen machen zu können. Es empfiehlt sich, getarnt an einem Platz mit Bienenfresser-Vorkommen zu warten. Allerdings solltest du dich nicht unmittelbar am Brutplatz auf die Lauer setzen, um die Tiere nicht zu stören. Achte auf eine gute Tarnung und langsame Bewegungen, um die Vögel nicht zu verschrecken. Ein Spektiv kann sehr hilfreich sein, um die Bienenfresser auch aus weiter Entfernung beobachten zu können.

MEIN TIPP

Mach im Mai oder Juni einen Ausflug zum Kaiserstuhl. Die Bienenfresser sitzen dort gern auf Zäunen, Reben oder Stromleitungen. Die Brutplätze befinden sich zum Teil an den noch vorhandenen Hohlwegen. Oder besuche das Fotoversteck der St. Martins Lodge am Neusiedler See.

1

2

1 In der Nähe der Brutplätze kannst du die Vögel auf den umliegenden Büschen sitzen sehen.

2 Durch Ruf und Silhouette sind Bienenfresser unverwechselbar.

DER EISVOGEL

Der Eisvogel wird aufgrund seiner großartigen Farbenpracht gerne „fliegender Edelstein" genannt.

STECKBRIEF

Wiss. Name: *Alcedo atthis*
Flügelspannweite: 25 cm
Gewicht: 35–40 g
Lebensdauer: ca. 15 Jahre
Aktivität: tagaktiv
Gefährdung: ungefährdet

052

WISSENSWERTES

Eisvögel führen eine sogenannte Schachtelbrut durch. Das Weibchen bebrütet bereits ein neues Gelege, während das Männchen noch die Jungen des vorherigen Geleges füttert. So können sie Verluste an Jungvögeln gut ausgleichen.

VORKOMMEN

Der Eisvogel kommt in Deutschland fast flächendeckend an geeigneten Gewässern vor. Im nördlichen und mittleren Teil Deutschlands ist er tendenziell etwas häufiger. Auch in Österreich und der Schweiz ist er weit verbreitet. Im Hochgebirge kommt er nur in den Tälern vor.

VERHALTEN

Eisvögel sind sehr scheu und können aufgrund ihrer ausgezeichneten Sehkraft Feinde bereits aus größerer Entfernung erspähen. Bei Gefahr flüchten sie und stoßen dabei ihren schrillen Ruf aus.

JAHRESZEIT UND TAGESZEIT

Der Eisvogel ist tagaktiv. Seine Aktivität ist in den frühen Morgenstunden am höchsten. Um die Mittagszeit nimmt die Aktivität etwas ab, nachmittags nimmt sie wieder leicht zu.

Januar bis April

In dieser Zeit finden Paarbildung und Balz der Eisvögel statt. Das Weibchen wird dann stark umworben. Du kannst dabei auch beobachten, wie das Männchen dem Weibchen Balzgeschenke in Form von Fischen bringt.

Ende März bis Mitte September

In dieser Zeit finden Brut und Aufzucht der Jungen statt. Wie schon erwähnt, kann sich ein Brutpaar um mehrere Aufzuchten kümmern. Jetzt sind die Tiere sehr aktiv, da der Nachwuchs mit Nahrung versorgt werden muss. Für eine kurze Zeit werden auch noch die flüggen Jungvögel vor dem Nestbereich gefüttert, bevor sie aus dem Bereich verscheucht werden und auf sich selbst gestellt sind.

Oktober bis Januar

Im Winter sind die Chancen, Eisvögel zu entdecken, ebenfalls hoch. Sie sind Standvögel oder Teilzieher.

MEIN TIPP

Platziere einen Stock an einem Eisvogel-Gewässer so, dass er sich als Jagdansitz eignet. Wenn du dort ein Tarnzelt aufstellst und es noch im Dunkeln betrittst, wirst du mit Geduld tolle Beobachtungen machen.

Ältere Männchen verbleiben oft in ihren Brutrevieren und verteidigen dieses gegen Artgenossen. Die restlichen Tiere streifen umher und halten sich in geeigneten Habitaten auf. Wenn in strengeren Wintern viele Gewässer einfrieren, ist die Chance, einen Eisvogel an eisfreien Stellen eines Gewässers zu entdecken, groß. Wie bei vielen anderen Tierarten, ist der Winter die sensibelste Zeit, weshalb Störungen erst recht vermieden werden sollten.

WETTER

Eisvögel sind bei allen Wetterlagen unterwegs.

BEOBACHTUNG UND AUSRÜSTUNG

Da Eisvögel sehr scheu sind und gut sehen, ist eine angemessene Tarnung wichtig. Die Tarnung eignet sich, um Störungen der Tiere zu vermeiden und um schöne Beobachtungen wahrscheinlicher werden zu lassen. Hierfür eignen sich am besten Tarnzelte, die man an geeigneten Stellen aufstellt. Für das Fotografieren kann ein Objektiv mit großer Brennweite von Vorteil sein.

Nicht umsonst wird der Eisvogel „fliegender Edelstein“ genannt.

DER WIEDEHOPF

Sein wissenschaftlicher Name „Upupa“ wurde auch von seinem einprägsamen Ruf „Hup hup hup“ abgeleitet.

STECKBRIEF

Wiss. Name: *Upupa epops*
Flügelspannweite: 42–46 cm
Gewicht: 55–80 g
Lebensdauer: bis zu 11 Jahre
Aktivität: dämmerungs- und tagaktiv
Gefährdung: gefährdet

053

WISSENSWERTES

Der Wiedehopf besitzt eine Geheimwaffe gegen Fressfeinde: Jungtiere und Weibchen sind in der Lage, ein übelriechendes Sekret auszustoßen, welches Feinde verschreckt. Die Jungtiere, die in Bruthöhlen, wie z.B. Baumhöhlen, Steinmauerspalten, Gebäuden oder Nistkästen, aufwachsen, werden so seltener Opfer von Nesträubern.

VORKOMMEN

In Deutschland ist der Wiedehopf sehr lückenhaft verbreitet. Hauptsächlich kommt er am Ober- und Mittelrhein und im Osten, besonders in Brandenburg und Sachsen-Anhalt vor. Im Osten trifft man ihn häufig auf Truppenübungsplätzen, im Oberrhein auf Obstplantagen, Streuobstwiesen und in Weinbergen an. Gute Vorkommen gibt es zudem an und um den Kaiserstuhl in Baden-Württemberg. Außerdem leben viele in der Lüneburger Heide, der Uckermark, entlang der Oder sowie auf den Truppenübungsplätzen in Brandenburg und Sachsen-Anhalt. In Österreich liegt die Hauptverbreitung in der Steiermark, östlich der Mur, in den Bezirken Hartberg-Fürstenfeld, Südoststeiermark und Weiz. In den übrigen Landesteilen ist der Wiedehopf lückenhaft verbreitet. Die Schweizer Vorkommen liegen hauptsächlich im Wallis, im Tessin sowie in Graubünden und am Genfer See.

Die Haube, hier aufgestellt, ist sein Markenzeichen.

VERHALTEN

Der Wiedehopf gilt als scheu. Er hat eine Fluchtdistanz von 50 bis 100 Meter. Er sieht recht gut und fliegt zügig weg, sobald sich eine Gefahr nähert. Wer ihn also länger aus der Nähe beobachten möchte, muss sich unbedingt tarnen. Trotz Tarnung sollte man sich nicht zu schnell und hektisch bewegen, da die Tiere das schnell bemerken. Vor allem sollten sie nicht am Brutplatz gestört wer-

den, sonst besteht die Gefahr, dass die Vögel die Brut abbrechen.

JAHRESZEIT UND TAGESZEIT

Der Wiedehopf ist dämmerungs- und tagaktiv. Besonders hoch ist die Aktivität in den frühen Morgenstunden, bei Sonnenaufgang bis wenige Stunden danach. Auf Nahrungssuche trifft man ihn auch später an.

April bis Juli

Ab Anfang April kehren die Wiedehopfe aus dem Winterquartier zurück. Dann beginnen sie, je nach Standort, im Zeitraum von April bis Anfang Mai mit der Balz. Das Männchen balzt mit langen Rufreihen „hup hup hup". Anschließend beginnen die Vögel mit der Brut, z. B. in Kästen, Baumhöhlen, Steinhaufen, Mauern oder Gebäuden, oft auch in geringer Höhe. Da sie die Möglichkeit haben, Fressfeinde mit ihrem Sekret abzuschrecken, können sie Höhlen annehmen, die andere Arten eher meiden, weil diese Plätze leichter von Nesträubern zu erreichen sind. Sowohl an den Naturbruthöhlen als auch an den Kästen sind die Vögel sehr empfindlich. Besonders in der frühen Phase besteht die Gefahr des Brutabbruchs. Daher solltest du diese Bereiche meiden.

WETTER

Gutes Wetter ist wichtig für den Wiedehopf. Bei wenig Wind und Regen sind die Vögel aktiver.

BEOBACHTUNG UND AUSRÜSTUNG

Aufgrund seines scheuen Verhaltens, ist es nicht unbedingt leicht, den Wiedehopf gut zu beobachten. Am besten kannst du ihn während der Nahrungssuche studieren. Er sucht oft an kurzrasigen Bereichen auf Wiesen, Wegrändern oder Obstwiesen nach Großinsekten. Diese Bereiche fliegt er häufig immer wieder an. Dort kannst du dich gut getarnt verstecken. Ein gutes Fernglas und Tarnung sind hilfreich. Aufgrund der großen Fluchtdistanz der Tiere benötigt deine Kamera ein Objektiv mit großer Brennweite.

Beobachtungen an der Bruthöhle solltest du nur an genehmigten Beobachtungsverstecken machen.

MEIN TIPP

Auf zum Kaiserstuhl ab Mitte Mai! Hier leben auf einer relativ kleinen Fläche viele Paare. Dort wirst du sehr leicht einen Wiedehopf bei der Nahrungssuche beobachten können.

DER PIROL

Im Französischen wird der Pirol wie der deutsche Komiker „Loriot“ genannt. Vicco von Bülow, alias Loriot, stammte aus einer Adelsfamilie, die den Pirol im Wappen trägt.

STECKBRIEF

Wiss. Name: *Oriolus oriolus*
Flügelspannweite: 44–47 cm
Gewicht: 65–67 g
Lebensdauer: bis zu 7 Jahre
Aktivität: dämmerungs- und tagaktiv
Gefährdung: Vorwarnliste

054

WISSENSWERTES

Der Pirol erinnert mit seinem Aussehen an einen tropischen Vogel. Tatsächlich brüten seine nächsten Verwandten in den Tropen Afrikas und in Asien. Der Pirol verbringt bei uns in seinem Brutgebiet nur drei Monate, bis er sich wieder in sein Winterquartier aufmacht.

VORKOMMEN

Der Pirol kommt zwar nahezu in ganz Deutschland vor, ist aber in einigen Gegenden nur lückenhaft vertreten. Das liegt unter anderem daran, dass er in der Regel nicht über 300 Meter Höhe brütet und sein bevorzugter Lebensraum Auwälder von Flussauen sind. Das Hauptverbreitungsgebiet in Deutschland ist das nordwestdeutsche Tiefland und der Osten Deutschlands. Eine der größten Populationsdichten der Vögel liegt im Wendland in Niedersachsen und in der Uckermark in Brandenburg. In Österreich und der Schweiz ist der Pirol in den größeren Flussauen, wie den Donau-Auen in Österreich, zu finden. In der Schweiz ist er überwiegend im Norden, Westen und Südwesten anzutreffen.

VERHALTEN

Obwohl der Pirol ein sehr auffälliges Gefieder hat, ist er nicht leicht zu entdecken. Denn Pirole sind die meiste Zeit hoch oben in den Baumwipfeln unterwegs. Gerade im Frühling sind sie dort aufgrund der dichten Belaubung schwer auszumachen.

JAHRESZEIT UND TAGESZEIT

Pirole sind tagaktiv. Die höchste Aktivität, insbesondere von singenden Männchen, ist aber in den frühen Morgenstunden. In der Abenddämmerung kann die Aktivität wieder etwas steigen.

Mai bis Juli

Die meisten Pirole kehren erst Anfang Mai aus ihren Überwinterungsgebieten zurück in ihre deut-

1

1 Einen Pirol auf Augenhöhe zu beobachten ist Glücksache, aber mit viel Geduld möglich.

2 Die Nester liegen oft hoch in den Baumkronen.

MEIN TIPP

Die besten Beobachtungschancen bestehen im Wendland oder in der Uckermark. Gerade im Wendland kommt der Pirol auch am Rand von Kiefernwäldern vor. Dort kannst du ihn gegebenenfalls leichter entdecken.

2

schen Brutgebiete. Ab dann ist in geeigneten Gebieten die Chance groß, die singenden Männchen in den frühen Morgenstunden zu hören. Mit etwas Glück und Geduld besteht zudem die Chance, den heimlichen Vogel auf einem Zweig oder auf der Nahrungssuche zu entdecken.

WETTER

Pirole sind bei windstillen und regenfreien Bedingungen aktiv.

BEOBACHTUNG UND AUSRÜSTUNG

Pirole zu finden, ist nicht leicht. Am besten hält man sich ab Mai in geeigneten Lebensräumen, wie Auwäldern mit bekanntem Pirol-Vorkommen, auf. Ist der Gesang eines Männchens zu hören, ist die Wahrscheinlichkeit hoch, dass sich in der Nähe ein Pirol-Revier befindet. Eine Wärmebildkamera kann helfen, das Tier in den Ästen der Bäume ausfindig zu machen.

DER RAUBWÜRGER

Würger trifft es nicht wirklich: Der Raubwürger spießt seine Beute zur Aufbewahrung auf Ästen und Dornen auf, um sie später zu fressen.

STECKBRIEF

Wiss. Name:
Lanius excubitor
Flügelspannweite:
30–34 cm
Gewicht: 30–34 g
Lebensdauer:
bis zu 8 Jahre
Aktivität: tagaktiv
Gefährdung:
stark gefährdet

055

Wie der Neuntöter spießt der Raubwürger seine Beute als Vorrat auf.

WISSENSWERTES

Der Raubwürger verdankt seinen Namen seiner Lebensweise, da er Mäuse, Kleinvögel und Insekten erbeutet. Dabei gehört er eigentlich zu den Singvögeln. Er ist der größte und schwerste Vertreter in der Familie der Würger in Mitteleuropa.

VORKOMMEN

Der Raubwürger benötigt eine reich strukturierte Landschaft mit Hecken und Offenland und einem ausreichenden Nahrungsangebot. Als Brutvogel ist er in Deutschland nur sehr lückenhaft verbreitet. Schleswig-Holstein ausgenommen, gibt es in allen Bundesländern wenige Brutpaare. Größere Vorkommen sind am Vogelberg, im hohen Westerwald, in der Rhön, in der Medebacher Bucht in Nordrhein-Westfalen und in der Nemitzer Heide in Niedersachsen. In Österreich ist der Raubwürger fast ausgestorben. Lediglich in Niederösterreich im Bereich der Städte Zwettl und Waidhofen gibt es Vorkommen. In der Schweiz ist er mittlerweile ausgestorben. Im Winter sind die Raubwürger in Mittel-, Nord- und Ostdeutschland aufgrund des Zuzuges der Tiere aus dem Norden und Osten flächendeckender verbreitet. Sie lassen sich dann meist in Heiden, Mooren und gut strukturierten Landschaften nieder.

VERHALTEN

Der Raubwürger ist besonders während der Brutzeit sehr scheu, die Fluchtdistanz beträgt ca. 200 Meter. Im Winter kann sich bei einigen Individuen die Fluchtdistanz auf ca. 50 Meter reduzieren. Der Raubwürger sitzt meist auf erhöhten Warten, Büschen, Stromleitungen und Masten und kann so Feinde schnell ausfindig machen.

Im Winter sind Raubwürger weniger scheu und lassen sich besser beobachten.

MEIN TIPP

Besonders in den Mooren und Heiden Nordwestdeutschlands, z. B. in der Lüneburger Heide, aber auch im Sauerland und Nordhessen sind Sichtungen von überwinternden Raubwürgern garantiert.

JAHRESZEIT UND TAGESZEIT

Raubwürger sind tagaktiv.

März bis Juli

Die Paarfindung und Balz können bei Standvögeln sehr früh beginnen. Besonders die Hochbalz der Raubwürger ist spannend, da dort das Männchen beeindruckende Hochflüge vorführt, um das Weibchen zu beeindrucken und sein Revier abzugrenzen. Später versorgt das Männchen das brütende Weibchen, das die Jungtiere etwa zehn Tage nach dem Schlupf ebenfalls mitversorgt. Gelegentlich kommt es vor, dass auch unverpaarte Tiere bei der Aufzucht der Jungtiere unterstützen.

Oktober bis Februar

Im Winter kommt es zum Zuzug von Tieren aus den nördlichen und östlichen Brutgebieten. Dann kann der Raubwürger in größeren Arealen beobachtet werden als zur Brutzeit. Zudem sind in dieser Zeit meist mehr Individuen auch in Gegenden unterwegs, in denen sie normalerweise nicht brüten. Sie überwintern in ähnlichen Habitaten wie Mooren, Heiden und gut strukturierten Landschaften.

WETTER

Gute Wetterbedingungen begünstigen die Aktivität der Tiere.

BEOBACHTUNG UND AUSRÜSTUNG

Raubwürger sind selten, lassen sich aber dadurch, dass sie oft auf erhöhten Warten sitzen, schnell entdecken. Am wahrscheinlichsten sind Beobachtungen im Winter, da in dieser Zeit mehr Raubwürger bei uns unterwegs sind und sie in der Regel nicht so scheu sind wie in ihrem Brutgebiet. Tarnung empfiehlt sich für gute Beobachtungen. Ein Spektiv kann hilfreich sein, wenn die Vögel weiter entfernt sitzen. Ebenso ist ein Objektiv mit einer großen Brennweite (500 mm oder mehr) für gute Fotos wichtig.

DIE BARTMEISE

Die Bartmeise ist tatsächlich gar keine Meise. Viel näher ist dieser farbenfrohe Vogel mit den Lerchen verwandt.

STECKBRIEF

Wiss. Name:
Panurus biarmicus
Flügelspannweite:
16–18 cm
Gewicht: 12–18 g
Lebensdauer:
bis zu 6 Jahre
Aktivität: tagaktiv
Gefährdung:
ungefährdet

056

WISSENSWERTES

Kaum eine andere Vogelart ist so sehr an das Schilf gebunden: Im Winter bilden die Samen des Schilfes die Nahrungsgrundlage der Bartmeisen, im Frühjahr dient das Schilf als Brutplatz.

VORKOMMEN

Die Bartmeise ist vorwiegend an Binnengewässer mit großen Schilfflächen gebunden. In Deutschland lebt sie vor allem im Norden und Nordwesten. Große Vorkommen gibt es in Brandenburg, Mecklenburg-Vorpommern, an der Oder, am Peenestrom, auf Rügen, an der Boddenküste und auf Hiddensee. In Niedersachsen ist sie besonders an den Unterläufen von Elbe, Ems und Weser anzutreffen. Aber auch am Federnsee in Baden-Württemberg und am Neusiedler See in Österreich gibt es gute Bestände.

VERHALTEN

Bartmeisen sind gegenüber Menschen nicht scheu. Die Fluchtdistanz liegt etwa bei 20 Metern. Allerdings leben sie sehr heimlich im Schilf. Diese schönen Vögel zu entdecken erfordert Glück und Geduld. Ob Bartmeisen in der Nähe sind, hörst du an ihrem unverkennbaren Ruf.

JAHRESZEIT UND TAGESZEIT

Bartmeisen sind tagaktiv, das Aktivitätsmaximum liegt aber in den frühen Morgenstunden.

März bis Mai

In dieser Zeit findet die Balz der Bartmeisen statt, in der sie viel rufen. Jetzt stehen die Chancen gut, sie in ihrem Revier anzutreffen. Ohne Revier singen sie nicht regelmäßig.

September bis Dezember

Der Herbst ist eine der besten Zeiten, Bartmeisen zu beobachten. Nach der Brutzeit sammeln sie sich in Gruppen. Dann ernähren sie sich fast ausschließlich von den Samen des Schilfs. Du kannst sie somit in den Schilfspitzen bei der Nahrungssuche mit viel Glück und Geduld beobachten.

2

1

1 Den Weibchen fehlt der schwarze Bartstreif.

2 Die Männchen sind sehr farbenfroh.

MEIN TIPP

Mach im Herbst oder Winter einen Ausflug an einen Hotspot, z. B. an den Federsee, nach Usedom oder in die Donau-Auen. Achte am Schilf auf die Rufe der Vögel. Es ist immer ein tolles Erlebnis, sie dann zu entdecken.

WETTER

Bartmeisen sind bei allen Wetterlagen unterwegs, gutes Wetter begünstigt Sichtungen.

BEOBACHTUNG UND AUSRÜSTUNG

Wer die Tiere beobachten möchte, sollte Geduld haben. Die besten Beobachtungschancen bieten sich an großen Schilfflächen verschiedener Binnengewässer, hauptsächlich im Nordosten Deutschlands. Viel Ausrüstung ist nicht nötig, ein normales Fernglas reicht aus. Eine Wärmebildkamera kann bei der Lokalisierung von Vorteil sein. Tarnung ist nicht unbedingt nötig, aber verhalte dich ruhig.

BEZAUBERNDE SCHILFVÖGEL

„Papa, da sind Papageien!“ – So klang meine erste Bartmeisenbeobachtung. Noch heute gehören sie zu meinen Lieblingsvögeln.

Mein Vater ist leidenschaftlicher Hobbyornithologe. Schon als kleines Kind nahm er mich mit in die Natur und zeigte mir verschiedene Vogelarten. Dabei erklärte er mir, wie sie aussehen, wie sie singen und was sie zum Leben benötigen. Gelegentlich unternahm er mit mir am Wochenende Ausflüge in Gebiete, in denen besondere Arten beobachtet werden konnten. Hauptsächlich waren wir rund um den Heimatort unterwegs.
Eines der Lieblingsgebiete von meinem Vater und mir war ein Feuchtgebiet, wenige Hundert Meter Luftlinie von unserem Haus entfernt, mit Teichen, Feuchtwiesen, Auwäldern und großen Schilfflächen. Hier gab es immer etwas zu entdecken, sowohl im Winter als auch im Sommer. So konnten wir im Frühling den Kiebitz, die Beutelmeise oder den Kuckuck sehen. Im Winter rasteten viele Enten und Gänse dort.
Eines Winters war ich dort wie so oft mit meinem Vater spazieren. Ich war sieben oder acht Jahre alt. Mein Vater hörte schon von Weitem eine besondere Vogelart. Doch der Versuch, sie mit dem Fernglas zu erspähen, stellte sich als schwierig heraus. Um herauszufinden, wo sich die Vögel befinden, schickte mich mein Vater einen Grasweg hinter einem Schilfstreifen entlang, wo er die Vögel vermutete. Mittlerweile hörte ich sie auch, kannte aber die Rufe nicht. Der Weg führte schließlich in eine Einbuchtung, die als Wendeplatz für Traktoren genutzt wurde. Dieser Wendeplatz lag mitten in der Schilffläche. An diesem Platz angekommen, ging ich weiter auf das Schilf zu, bis plötzlich acht knallbunte Vögel vor mir saßen. Sie waren nur wenige Meter von mir entfernt und aßen in aller Ruhe die Schilfsamen. Ich schrie aufgeregt: „Papa, da sind Papageien!“ Total euphorisch lief ich zu meinem Vater zurück und erzählte ihm genauer von meiner Beobachtung. Ihm war klar, welche Vögel ich dort gesehen hatte. Auf dem Rückweg erklärte er mir, dass es sich dabei nicht um Papageien handelte, sondern um Bartmeisen. Sie würden in diesem Gebiet bei uns nicht brüten, aber im Winter vereinzelt vorbeischauen. Sie so nah zu Gesicht zu bekommen, wäre etwas Besonderes. Noch heute gehören die schönen Bartmeisen zu meinen absoluten Lieblingsvögeln. Jedes Mal, wenn ich sie sehe oder höre, denke ich an dieses Erlebnis in meiner Kindheit zurück.

1

2

1 Damals hielt ich die farbenfrohen Bartmeisen für Papageien.

2 Schon als Junge war ich viel mit meinem Vater und mit meinem Fernglas in der Natur unterwegs. Er führte mich auch zu den Bartmeisen.

DER MAUERLÄUFER

Ein ganz besonderer Vogel: Der Mauerläufer erinnert mit seinem Aussehen an eine Mischung aus Kolibri und Schmetterling.

STECKBRIEF

Wiss. Name:
Tichodroma muraria
Flügelspannweite:
27–32 cm
Gewicht: 45–75 g
Lebensdauer:
bis zu 10 Jahre
Aktivität: tagaktiv
Gefährdung:
extrem selten

057

WISSENSWERTES

Der Mauerläufer ist perfekt an das Leben in den Hochgebirgen und sehr unzugänglichen Felswänden angepasst. Er ist dabei in der Lage, sogar senkrechte Felswände zu erklimmen. Dies gelingt ihm mittels geschickter Gewichtsverlagerung. Auch seine Brutplätze befinden sich an unzugänglichen Felswänden in bis zu 3.000 Meter Höhe.

VORKOMMEN

Der Mauerläufer kommt in Deutschland, Österreich und der Schweiz ausschließlich in den Höhenlagen der Alpen vor. In der Regel befinden sich Brutplätze im Gebirge zwischen 400 bis 2.800 Meter Höhe. In den Wintermonaten kann es vorkommen, dass er auch in tiefere Regionen, manchmal sogar weit ins Tiefland, zieht und dort an Gebäuden und Steinbrüchen überwintert. In Deutschland kommt diese Art beispielsweise im Nationalpark Berchtesgaden und im Karwendel vor. Die Vorkommen in der Schweiz liegen in den Höhenlagen der Alpen und im Jura. In Österreich kann man ihn von den Hochlagen der Alpen bis in die tieferen Bereiche, z. B. in Vorarlberg, sehen.

VERHALTEN

Der Mauerläufer ist nicht nur schwierig zu entdecken, er ist auch recht scheu. Seine Fluchtdistanz kann bis zu 100 Meter betragen. Verknüpft mit seiner Größe und dem unzugänglichen Lebensraum, sind Sichtungen nicht einfach. Allerdings sind Störungen durch den Menschen aufgrund seines unzugänglichen Lebensraumes selten.

JAHRESZEIT UND TAGESZEIT

Mauerläufer sind tagaktiv. Ihre Aktivität reicht von Sonnenaufgang bis Sonnenuntergang.

März bis Juli

Ab Mitte März begeben sich die Mauerläufer in ihr Brutgebiet. Dort findet dann sowohl die Balz als auch die Suche nach geeigneten Brutplätzen statt. Die Brut beginnt ab Mitte Mai und dauert ca. 25 Tage, anschließend folgt die Auf-

1

2

1 Der Mauerläufer erinnert an eine Mischung aus Kolibri und Schmetterling.

2 Er ist in der Lage, die steilsten Felswände zu erklimmen ohne zu fliegen.

zucht der Jungen. Altvögel fallen besonders beim Versorgen der Jungen auf. Etwas ältere Jungtiere können am Eingang der Bruthöhle beobachtet werden. Flügge Jungvögel werden noch eine Zeit von ihren Eltern in der Nähe der Bruthöhle gefüttert.

November bis Februar

Je nach Witterung verbleiben Mauerläufer im Winter in ihrem Brutgebiet. Häufig weichen sie aber in tiefere Lagen aus. Sie überwintern dann in tieferen Lagen an Felswänden, in Steinbrüchen und alten Gebäuden wie Schlössern oder Burgen.

WETTER

Mauerläufer sind bei windarmem, niederschlagsfreiem, sonnigem Wetter unterwegs. Im Winter führen Kälte und Schneereichtum dazu, dass sie weiter ins Tiefland abwandern.

BEOBACHTUNG UND AUSRÜSTUNG

Mauerläufer sind aufgrund ihrer Lebensweise, Größe und des unzugänglichen Lebensraumes nicht einfach zu beobachten. Wer die Tiere sehen will, sollte über genügend Fitness verfügen, um die jeweiligen Gebiete zu erreichen. Sichtungen sind in starken Wintern wahrscheinlicher, wenn die Tiere an Gebäuden oder niedrigen Felswänden überwintern. Da Mauerläufer in unzugänglichen Gebieten leben und oft nur aus weiter Entfernung zu sehen sind, ist ein Spektiv essenziell. Manchmal kann eine Wärmebildkamera helfen, die Tiere an einer Felswand schneller sichten zu können.

MEIN TIPP

Gute Beobachtungschancen hast du z.B. an der Falkenwand im Ammergebirge (Deutschland), an den Gisnauflühen bei Burgdorf (Schweiz) oder im Winter an der Festung „Hohensalzburg" (Österreich).

DER SEIDENSCHWANZ

Die hübschen Vögel mit dem Federhäubchen können das Doppelte ihres Körpergewichtes an Nahrung zu sich nehmen.

STECKBRIEF

Wiss. Name:
Bombycilla garrulus
Flügelspannweite:
30–35 cm
Gewicht: 40–70 g
Lebensdauer:
bis zu 12 Jahre
Aktivität: tagaktiv
Gefährdung:
nur Wintergast bei uns

058

WISSENSWERTES

Seidenschwänze ernähren sich in ihrem Brutgebiet von Insekten. Im Winter stehen Beeren und Früchte auf ihrem Speiseplan. Eine besonders große Leber macht es möglich, dass sie auch vergorene Früchte essen können, ohne Schaden zu nehmen.

VORKOMMEN

Seidenschwänze brüten ausschließlich in der Taiga im hohen Norden. Bei uns kommen sie lediglich als Wintergäste vor. Ob Seidenschwänze hier überwintern, hängt von der Futtersituation in den Brutgebieten ab. Ist in diesen Gebieten wenig Nahrung vorhanden, kommt es bei uns zu regelrechten Invasionsjahren, mit einem massenhaften Einflug von überwinternden Seidenschwänzen. Dann halten sie sich in der Regel erst im Norden und Osten Deutschlands auf, ziehen aber dann auch bis in den Süden nach Bayern und Baden-Württemberg. Sie sind dann vor allem dort zu entdecken, wo sie Nahrung in Form von Beeren und Obst finden, wie z. B. in Parks, Halden, Gärten oder Landschaften mit gutem Heckenbestand. Sie bevorzugen Beeren z. B. von Schneeball oder Eberesche.

VERHALTEN

Wie viele nordische Vögel sind sie nicht so scheu und haben eine relativ geringe Fluchtdistanz. Dennoch sollte genug Abstand zu den rastenden Vögeln gehalten werden, um sie in der schweren Phase des Winters nicht zu stören.

JAHRESZEIT UND TAGESZEIT

Seidenschwänze sind auch im Winter tagaktiv. Dort wechseln sie dann regelmäßig zwischen Fress- und Ruhephasen.

November bis Februar

Der Seidenschwanz ist bei uns nur im Winter zu sehen, besonders in Invasionsjahren. Er zieht dann von seinen nördlichen Brutgebieten weiter Richtung Süden, immer der Nahrung hinterher. Im Norden Deutschlands ist er häufiger zu entdecken als anderswo.

1

MEIN TIPP

Um passende Beobachtungsstellen ausfindig zu machen, an denen Seidenschwänze überwintern, checke die Meldeplattform „Ornitho.de". Dort kannst du anhand der eingepflegten Sichtungen passende Orte finden.

2

WETTER

Der Seidenschwanz ist im Winter bei jedem Wetter auf Nahrungssuche. Die Verbreitung der Nahrung beeinflusst den Zug der Seidenschwänze in einem größeren Maße als die Wetterbedingungen. Das Wetter spielt also für Beobachtungen bei uns im Winter keine so bedeutende Rolle.

BEOBACHTUNG UND AUSRÜSTUNG

Für die Beobachtung ist nichts Besonderes nötig. Oft sind die Tiere am Tag unterwegs und nicht sehr weit weg, sodass ein kleines Fernglas ausreicht. Eine Wärmebildkamera kann in Gebieten mit vielen Büschen und Hecken helfen, die Schwärme schneller ausfindig zu machen.

1 Die bunten Seidenschwänze lassen sich bei uns nur im Winter beobachten.

2 Durch ihre große Leber vertragen sie auch beachtliche Mengen vergorener Früchte.

DIE WASSERAMSEL

Die Wasseramsel ist so sehr an den Lebensraum Wasser angepasst, dass sie schwimmen, tauchen und sogar unter Wasser etwas laufen kann.

STECKBRIEF

Wiss. Name: *Cinclus cinclus*
Flügelspannweite: 28–30 cm
Gewicht: 55–75 g
Lebensdauer: bis zu 10 Jahre
Aktivität: dämmerungs- und tagaktiv
Gefährdung: ungefährdet

059

WISSENSWERTES

Die Wasseramsel ist der einzige heimische Singvogel, der schwimmen und tauchen kann. Sie ist eng an klare Fließgewässer gebunden, in denen sie sich in erster Linie von Wasserinsekten ernährt.

VORKOMMEN

Das Vorkommen beschränkt sich überwiegend auf Fließgewässer in Höhenlagen. Das betrifft in Deutschland, Österreich und der Schweiz die Alpen und die Mittelgebirge. Im Norden und Nordosten Deutschlands gibt es keine Wasseramseln. Viele Vorkommen gibt es auch z. B. im Harz, im Sauerland und der Sächsischen Schweiz sowie in den weiteren Mittelgebirgen. Im Alpenraum kommen Wasseramseln an jedem geeigneten Fließgewässer vor. In der Regel bevorzugen sie klare, steinige Gewässer von kleiner oder mittlerer Größe.

VERHALTEN

Wasseramseln sind nicht scheu. Bei ruhigem Verhalten beträgt die Fluchtdistanz nur etwa 10 Meter. Mit entsprechender Tarnung am Gewässer werden die Tiere nicht gestört. An belebten Stellen, wie Dörfern oder reich frequentierten Wanderwegen, sind einige Tiere schon an die Anwesenheit des Menschen gewöhnt.

JAHRESZEIT UND TAGESZEIT

Wasseramseln sind dämmerungs- und tagaktiv. Hauptaktivität von Sonnenaufgang bis zum späten Vormittag.

Januar bis März

Anders als bei vielen anderen Singvögeln, liegt die Hauptbalz bei den Wasseramseln im Winter. In dieser Zeit sind die Männchen besonders rufaktiv. Man kann den Gesang der Wasseramseln dann oft schon von Weitem hören. Das Männchen hüpft um das Weibchen herum und stellt sich mit seiner weißen Brust zur Schau. Ein sehr interessantes Naturspektakel. Du kannst sie auch beim Tauchen nach Insekten beobachten.

MEIN TIPP

Halte im Winter an einem Mittelgebirgs- oder Alpenfluss, z. B. Möhne (Sauerland), Radau (Harz), Kirnitzsch (Sächsische Schweiz) oder Wimbach (Berchtesgaden), oder an einem vergleichbaren Gewässer Ausschau. Die Chancen stehen gut, in absehbarer Zeit eine Wasseramsel zu entdecken.

1

2

Restliches Jahr

Wasseramseln sind in der Regel Standvögel. Sie sind sehr standorttreu und verlassen ihr Gewässer nur, wenn es zufriert. Somit ist es möglich, die Tiere das ganze Jahr an geeigneten Gewässern zu beobachten. Der Brutbeginn der Wasseramseln kann variieren und liegt etwa im Februar bis April. In den ersten 14 Tagen nach dem Flüggewerden halten sich die Jungen mit ihren Eltern, von denen sie weiterhin gefüttert und umsorgt werden, in der Nähe des Nestes auf. Junge Wasseramseln sehen etwas anders aus als ihre Elterntiere, sind aber allein am Verhalten eindeutig zu erkennen.

WETTER

Wie bei vielen Vögeln ist die Aktivität bei gutem Wetter sowie regenlosen und windstillen Verhältnissen am höchsten.

BEOBACHTUNG UND AUSRÜSTUNG

Wasseramseln lassen sich an geeigneten Stellen hervorragend beobachten. Man sollte besonders in den Mittelgebirgen oder Alpen an Bächen und kleinen Flüssen mit herausragenden Steinen nach ihnen Ausschau halten. Achte auf weiße Kotspritzer auf den Steinen. Oft lassen sie sich auch im Bereich von Brücken beobachten, da dort häufig ihre Brutplätze liegen. Für die Beobachtung ist nicht viel Ausrüstung nötig. Tarnung ist für intensivere Beobachtungen günstig.

1 Wasseramseln kannst du das ganze Jahr an geeigneten Gewässern beobachten.

2 Sie sitzen gerne auf Steinen. Kot darauf kann ihre Anwesenheit verraten.

DAS BLAUKEHLCHEN

Beim Blaukehlchen gibt es viele Unterarten. In Deutschland kommt das weißsternige Blaukehlchen vor. Namensgebend ist hier das weiße Fleckchen zwischen Kehle und Brust.

STECKBRIEF

Wiss. Name: *Luscinia svecica*
Flügelspannweite: 20–23 cm
Gewicht: 15–23 g
Lebensdauer: max. 8 Jahre
Aktivität: dämmerungs-, tag- und nachtaktiv
Gefährdung: ungefährdet

060

WISSENSWERTES

Obwohl das Blaukehlchen sehr farbenfroh aussieht, lebt es äußerst versteckt und ist nicht leicht zu entdecken. Die Vogelart ist nach den Intensivierungen der Landschaft selten geworden. Seit den 1970er Jahren erholt sich der Bestand langsam wieder.

VORKOMMEN

In Deutschland ist das Blaukehlchen recht lückenhaft verbreitet. Es kommt in Mooren, Niederungen und großen Schilfgebieten vor. Die meisten Bestände befinden sich in Nordwestdeutschland, insbesondere in West- und Ostfriesland. Zudem gibt es größere Vorkommen in Brandenburg und in Bayern. In Österreich kommt es in den Feuchtgebieten der Tieflagen und im Burgenland vor. An feuchten Stellen in Hochgebirgen, an denen es zudem Latschengebüsche gibt, findet man sporadisch die rotsternige Unterart, die ein rotbraunes Fleckchen zwischen Kehle und Brust aufweist.

VERHALTEN

Das Blaukehlchen ist nicht so scheu, lebt aber sehr heimlich im Gestrüpp und am Boden. Die Fluchtdistanz liegt bei etwa 30 Metern.

JAHRESZEIT UND TAGESZEIT

Blaukehlchen sind am Tag, in der Dämmerung und während der Balz auch in der Nacht aktiv.

April bis Juni

Blaukehlchen leben oft sehr versteckt auf dem Boden und im Gestrüpp. Jetzt, während der Balz, ändert sich das. Die Männchen singen lautstark, um die Weibchen anzulocken und ihr Revier abzugrenzen. Dabei nutzen sie erhöhte Singwarten, wie Weidengebüsche oder Schilfhalme. Am aktivsten sind die Blaukehlchen dann meist in den frühen Morgenstunden, ca. ab Sonnenaufgang bis ca. ein bis zwei Stunden danach, in der Abenddämmerung und teilweise sogar in der Nacht.

1

2

1 Die kontrastreichen Beobachtungen von Blaukehlchen im Raps sind toll.

2 Nur während der Balz sitzen Blaukehlchen so exponiert.

MEIN TIPP

Besuche im April das Vogelschutzgebiet Ostfriesische Seemarsch zwischen Norden und Esens. Dort gibt es viele Blaukehlchen, sogar im Raps, was auf Fotos toll aussieht. Zudem findest du sie dort leicht.

WETTER

Die Aktivität der Blaukehlchen, insbesondere während der Balz, ist bei windstillen und trockenen Bedingungen am höchsten.

BEOBACHTUNG UND AUSRÜSTUNG

Wer ein Blaukehlchen sehen möchte, sollte am besten im Zeitraum von Anfang bis Mitte Mai in den sehr frühen Morgenstunden oder zu Sonnenaufgang in einem Moor oder einem anderen Feuchtgebiet die Ohren spitzen. Nähere dich einem singenden Blaukehlchen nur langsam und mit genügend Abstand. Ein Fernglas mit einer guten Lichtstärke und ein lichtstarkes Objektiv können in der Dämmerung nicht schaden. Auch eine Wärmebildkamera kann helfen, das singende Blaukehlchen im Schilf ausfindig zu machen. Mit Tarnung können noch nähere ungestörte Beobachtungen möglich sein.

DER FEUERSALAMANDER

Der Name des Feuersalamanders stammt aus einer Zeit, in der die Menschen glaubten, das Tier wäre in der Lage, mit seinem Sekret Feuer zu löschen.

STECKBRIEF

Wiss. Name:
Salamandra salamandra
Größe: bis zu 21 cm
Gewicht: bis zu 71 g
Lebensdauer:
in der Natur um die 20 Jahre
Aktivität:
überwiegend nachts
Gefährdung:
Vorwarnliste

WISSENSWERTES

In Deutschland kommen zwei Unterarten des Feuersalamanders vor: der Gebänderte Feuersalamander, der hauptsächlich im westlichen Teil vorkommt, und der Gepunktete Feuersalamander, der im Osten zu finden ist. Feuersalamander sind toxisch. Bei Gefahr können sie über die Ohrendrüsen ein Gift abgeben. Dieses Gift verursacht bei gesunden Menschen oft nur ein leichtes Brennen an der Stelle, die mit dem Sekret in Berührung gekommen ist. Bei Kindern und alten Leuten kann es zu Übelkeit und Atembeschwerden führen.

VORKOMMEN

Der Feuersalamander benötigt ausgedehnte Laub- oder Laubmischwälder mit geeigneten Gewässern zur Fortpflanzung. Er ist in diesen Lebensräumen in Höhenlagen von 200 bis 800 m über NN zu finden. In Deutschland liegen die Hauptverbreitungsschwerpunkte in den bewaldeten Mittelgebirgen im Westen, in der Mitte Deutschlands und im Südwesten. Im Osten kommt diese Art in zusammenhängenden Bereichen des Erzgebirges sowie in Teilen von Nord-, Ost- und Südostbayern vor. Zudem gibt es isolierte Vorkommen im Münsterland und der Lüneburger Heide. Im Norden und Osten Deutschlands findet man ihn fast gar nicht. Konkret gibt es Feuersalamander in der Eifel, im Sauerland, Harz, Odenwald, Taunus, Kellerwald, Osnabrücker Hügelland, Westerwald, Schwarzwald, Bayerischen Wald, in der Sächsischen Schweiz, im Frankenwald, an vielen Stellen in Saarland und Rheinland-Pfalz. Im Norden der Schweiz ist er in geeigneten Habitaten nur lückenhaft vertreten. Im Tessin und den Südtälern von Graubünden werden höhere Dichten gezählt als im Norden. Im Flachland Österreichs kommt der Feuersalamander nicht vor. Er besiedelt in diesem Land nur die mittleren Berglagen im Alpenraum.

VERHALTEN

Feuersalamander sind nicht scheu. Bei möglicher Gefahr ziehen sie sich nur langsam zurück. Zum Schutz der Tiere sollten sie nicht angefasst werden. Verletzungen

1

2

3

1 Die Larven haben Punkte an den Beinen.

2 Feuersalamander streifen vor allem nachts und bei Regen umher.

3 Die gefleckte Variante hat ein deutlich anderes Muster als die gebänderte.

und Übertragungen von Krankheiten können die Tiere das Leben kosten. Zudem können sie bei Bedrohung ihr Gift ablassen.

JAHRESZEIT UND TAGESZEIT

Feuersalamander sind in der Regel nachtaktiv. Da sie es feucht mögen, sind sie bei ausgiebigen Regenfällen auch manchmal am Tag unterwegs.

Februar bis Juli

In dieser Zeit paaren sie sich und gebären ihre Jungtiere. Die Fortpflanzung findet meist im Zeitraum April bis September statt, am meisten im Juli. Die Jungtiere werden, im Gegensatz zu vielen anderen Amphibien, lebend geboren. Weibchen gebären die Jungtiere überwiegend von Februar bis Mai in seichten Gewässern, zum Beispiel in Bächen und Teichen.

Juli bis September

In den Sommermonaten sind die Alttiere etwas inaktiver und legen eine Art „Sommerpause" ein. In dieser Zeit sind vorwiegend die Larven, die in dieser Zeit ihren Lebensraum vom Wasser auf das Land wechseln, aktiv.

September bis November

Im Herbst kommt es nochmal zu einer hohen Aktivität. Dann sind sowohl adulte Tiere als auch Jungtiere bei guten Bedingungen unterwegs, bevor sie ihre Winterquartiere aufsuchen. Mit einsetzendem Frost beginnen sie ihre Winterstarre, je nach Witterung von November bis Ende Februar.

WETTER

Das perfekte Salamanderwetter herrscht bei plus 10 Grad, hoher Luftfeuchtigkeit von 75 bis 90 Prozent und Windstille. Regen und Nebel begünstigen die Aktivität. Sie beginnt im Februar bei 3 bis 6 Grad.

BEOBACHTUNG UND AUSRÜSTUNG

Wer Salamander beobachten möchte, sollte zur passenden Zeit bei gutem „Salamanderwetter" in einem der oben beschriebenen Gebiete nach ihnen suchen. Die Chancen auf einen Fund sind dabei in Nächten mit leichtem Regenfall am höchsten. In bekannten Gebieten kann auch an ruhigen Gewässerstellen, zum Beispiel an Bächen, Teichen oder Tümpeln, nach den Larven der Salamander Ausschau gehalten werden. Diese erkennst du an ihrem markanten gelben Punkt am Anfang der Hinterbeine. Da die Tiere häufig bei Nacht unterwegs sind, ist eine Taschenlampe oder Stirnlampe hilfreich.

Achtung!

Salamander leiden gerade unter einem eingeschleppten Amphibienpilz „Bsal" aus Asien. Dieser führt bei den Salamandern fast ausnahmslos zum Tod. Er kann ganze Populationen und auch andere Arten gefährden. Wer viel im Wald oder in verschiedenen Regionen unterwegs ist, sollte deswegen immer sein Schuhwerk gründlich desinfizieren, um den Pilz an der Ausbreitung zu hindern (s. Link S. 202).

MEIN TIPP

Wer in einer regnerischen Nacht im Frühjahr oder Herbst in einem Gebiet mit Feuersalamandern losgeht, wird mit etwas Glück einem oder mehreren Feuersalamandern über den Weg laufen.

2

1

3

1 Bei Regen und hoher Luftfeuchtigkeit kannst du die Tiere auch tagsüber finden.

2 Feuersalamander ernähren sich von Würmern, Schnecken, Asseln und anderen Kleintieren.

3 Nachts ist eine Taschen- oder Kopflampe nötig, um die Salamander zu finden.

DER ALPENSALAMANDER

Pechschwarzer Alpenbewohner mit breitem Kopf: Der Alpensalamander wird im Volksmund auch „Bergmandl“ oder „Bergmännchen“ genannt.

STECKBRIEF

Wiss. Name:
Salamandra atra
Größe: 12–15 cm
Gewicht: 8–12 g
Lebensdauer:
15–20 Jahre
Aktivität:
überwiegend nachts
Gefährdung:
ungefährdet

WISSENSWERTES

Wie der Feuersalamander bringt auch der Alpensalamander voll entwickelte Jungtiere zur Welt. Die Tragzeit dauert je nach Höhe und Standortbedingungen zwei bis drei Jahre, in besonders hochgelegenen Vorkommen wurden auch schon vier Jahre festgestellt. Alpensalamander weisen damit eine der längsten Tragezeiten aller Wirbeltiere auf. Das Weibchen bringt in der Regel zwei Jungtiere zur Welt.

VORKOMMEN

Der Alpensalamander kommt im gesamten Alpenraum in Deutschland, Österreich und der Schweiz vor. Er besiedelt dort Karstgebiete, aber auch Hochgebirgsschluchten. Er tritt in der Regel ab einer Höhe von 800 m über NN bis 1.600 m über NN auf. Es gibt allerdings auch deutlich höhere Fundstellen von 1.900 m bis 2.800 m über NN. Der Alpensalamander besiedelt feuchte Laub- und Mischwälder, oft in der Nähe von Bächen. Oberhalb der Baumgrenze besiedelt er Latschenfelder, feuchte Bergweiden, Zwergstrauch-Heiden und Felsfluren. Er ist dabei durch seine Anpassung nicht unbedingt an Gewässer gebunden, die Standorte sollten aber nicht zu trocken sein. Enorme Dichten der Tiere konnten entlang von Bächen oder in der Nähe des Fußes von Wasserfällen beobachtet werden.

VERHALTEN

Alpensalamander sind nicht scheu. Bei Gefahr versuchen sie schnell ein Versteck zu finden. Wie den Feuersalamander sollte man auch diese Tiere nicht anfassen. Verletzungen und die Übertragung von Krankheiten könnten die Tiere das Leben kosten. Zudem können sie bei Bedrohung ihr Gift ablassen.

JAHRESZEIT UND TAGESZEIT

Alpensalamander sind nachtaktiv. Sie können aber auch am Tag unterwegs sein, wenn die Wetterbedingungen passen. Die Hauptaktivität liegt in der Regel in den frühen Morgenstunden zwischen 3 und 7 Uhr. Windstille und Luftfeuchtig-

1 Anders als Feuersalamander sind Alpensalamander komplett schwarz.

2 Sie leben in Höhen von 800 bis 1600 m über NN.

1

2

keit sind für sie ausschlaggebender als Tageslicht. Nur die direkte starke Sonne mögen sie nicht.

Ende Mai bis Ende September

Aufgrund des extremen Wetters im Hochgebirge ist die Aktivitätszeit des Alpensalamanders nur relativ kurz. Sie beginnt je nach Witterung im Mai und kann bis in den Oktober andauern. Schneefälle unterbrechen seine aktive Zeit wieder. Richtig aktiv werden sie erst Wochen nach der Schneeschmelze. Im Juni wird der Alpensalamander deutlich aktiver, im Hochsommer im Juli und August ist seine Aktivität am höchsten, wenn das Wetter nicht zu heiß und trocken ist. Vom Spätfrühling bis in den Frühsommer findet die Balzzeit der Alpensalamander statt. Je nach Witterung verläuft die Winterruhe von Ende September bis Anfang Mai. Da die Tiere relativ klein sind, musst du genau hinschauen, um sie im Habitat zu finden.

WETTER

Am aktivsten sind Alpensalamander bei 7 bis 15 Grad, einer Luftfeuchtigkeit von über 90 Prozent und Windstille. Bei tagelangem Regen hingegen sinkt die Aktivität. Bei einem Gewitter oder Regenschauer nach einer Trockenperiode werden viele besonders aktiv.

BEOBACHTUNG UND AUSRÜSTUNG

Wer sie beobachten möchte, muss dafür eine Wanderung in Kauf nehmen. Die besten Gebiete liegen zwischen 1.000 m und 1.500 m über NN. Bei den oben genannten Witterungsbedingungen lohnt es sich, in der Nähe von Gebirgsbächen in Wäldern und Bergweiden zu suchen. Wie auch der Feuersalamander kann der Alpensalamander von eingeschleppten Pilzkrankheiten gefährdet werden. Daher ist es auch hier wichtig, die Wanderkleidung, besonders die Schuhe, zu desinfizieren.

MEIN TIPP

Besuch den Nationalpark Berchtesgaden. Dort kannst du Alpensalamander bei entsprechender Witterung rund um den Jenner beobachten. Vorteil hier: Es gibt eine Seilbahn. So können auch Menschen, denen die schweren Aufstiege nicht möglich sind, nach oben gelangen.

DER KAMMMOLCH

Der größte bei uns vorkommende Molch wird, weil die Männchen in der „Wassertracht" einen gezackten Rückenkamm aufweisen, auch „Wasserdrache" genannt.

STECKBRIEF

Wiss. Name:
Triturus cristatus
Größe: 10–20 cm
Gewicht: bis 12 g
Lebensdauer:
bis zu 18 Jahre
Aktivität: nachtaktiv, während der Paarung auch tagaktiv
Gefährdung:
gefährdet

WISSENSWERTES

In Deutschland, Österreich und der Schweiz gibt es drei Unterarten: Der Nördliche Kammmolch, der Alpenkammmolch und der Donaukammmolch. Die Tiere leben sowohl an Land als auch im Wasser. Zur Paarungszeit suchen sie Gewässer auf, die sie im Herbst wieder verlassen, um an Land zu überwintern. In der sogenannten „Wassertracht" haben männliche Kammmolche einen auffällig hohen, gezackten Rückenkamm, der für die Tiere auch namensgebend ist.

VORKOMMEN

Kammmolche benötigen nicht zu kleine, besonnte, reich strukturierte Teiche mit vorhandener Unterwasservegetation. Diese müssen zudem fischfrei sein. Auch der Landlebensraum muss über geeignete Strukturen wie Totholz, Hecken, Gehölze und Steine verfügen. Der Kammmolch kommt in Deutschland fast flächendeckend vor. Größere Verbreitungslücken gibt es im Nordwesten in Ostfriesland und den Marschen an der Nordseeküste. Zudem kommt er in intensiv landwirtschaftlich genutzten Räumen, einigen Mittelgebirgen und Hochgebirgslagen nicht vor. In der Schweiz ist er nördlich der Alpen, entlang der Flüsse verbreitet. Im Süden des Genfer Sees und auf der Südseite der Alpen kommt er ebenfalls vor. Der Nördliche Kammmolch lebt von Nordösterreich bis zur Donau, im Innviertel und Vorarlberg. Im Süden und im Alpenraum ist der Alpenkammmolch und am Ostrand des Landes der Donaukammmolch zu finden.

VERHALTEN

Kammmolche sind an Land nur langsam unterwegs und können daher gut beobachtet werden. Im Wasser sind sie flinker und reagieren oftmals scheuer als an Land. Während der Paarungszeit treten die Tiere weniger scheu auf, da sie in dieser Zeit sehr beschäftigt und abgelenkt sind.

1

2

1 Besonders unter Wasser ist der „Kamm" gut zu erkennen.

2 Die Larven verfügen noch über äußere Kiemen, die sich später zurückbilden.

JAHRESZEIT UND TAGESZEIT

Wandern die Kammmolche an Land zu ihren Laichgewässern, sind sie überwiegend nachtaktiv. Ebenso verhält es sich, wenn sie nach der Paarung und dem Laichen im Gewässer wieder an Land zu ihren Winterquartieren zurückkehren. Während der Paarung im Gewässer kannst du die Tiere auch bei Tag entdecken. Dennoch sind sie in der späten Dämmerung und nachts am aktivsten.

Februar bis März

Sobald die Temperaturen etwas milder werden (ab 3 bis 5 Grad), begeben sich die Kammmolche auf den Weg in ihr Laichgewässer. Eine hohe Luftfeuchtigkeit (mind. 70 %) oder Regenfälle lösen dann die Wanderbewegung aus. In solchen Nächten kannst du die Tiere hervorragend auf ihrem Weg zum Laichgewässer beobachten. Gut eignen sich hierfür Feldwege oder Straßen, dort lassen sich die Tiere dann leichter entdecken als auf Wiesen.

MEIN TIPP

In Deutschland sind die Chancen, den Kammmolch zu beobachten, in offenen Auenlandschaften in Nordost- und Mitteldeutschland am höchsten. Am besten schaust du zur Molchwanderzeit in Bereichen mit geeigneten Gewässern nach ihnen.

März bis April

In dieser Zeit findet die Balz und die Paarung der Tiere in ihren Laichgewässern statt und du kannst die Tiere dabei beobachten. Den Gewässern darfst du dich nur nähern, wenn eine Störung vermieden werden kann und sich die Gewässer nicht in Schutzgebieten befinden. Wenn du dich am Rand des Gewässers ruhig verhältst, kannst du bei klaren und nicht zu tiefen Gewässern die Tiere unter Wasser beobachten.

Juli bis September

Ab Juli bis in den September kehren die Tiere zurück in ihren Landlebensraum. Dann können sie auf dem Weg dorthin oder im Landlebensraum selbst beobachtet werden. Anschließend suchen sie sich Verstecke für die Winterruhe.

WETTER

Für den Beginn der Wanderung sind Temperaturen ab drei Grad und eine hohe Luftfeuchtigkeit (mind. 70 %) nötig. Während der Balz im Gewässer spielen die Wetterbedingungen hingegen eine untergeordnete Rolle.

BEOBACHTUNG UND AUSRÜSTUNG

Wer Kammmolche beobachten möchte, sollte sich zu Beginn der Amphibienwanderung in einem geeigneten Gebiet auf die Suche machen. Bei passenden Bedingungen kann man viele dieser Tiere, aber auch andere Arten, nachts bei der Wanderung sehen. Zu einem

1

2

1 Ab Juli kehren Kammmolche zurück an Land. In der Landtracht bildet sich der Rückenkamm fast ganz zurück.

2 Kammmolch-Weibchen sind wahre Riesen, hier neben einem Teichmolch (rechts im Bild).

späteren Zeitpunkt kannst du die Balz der Tiere in den Laichgewässern beobachten.
Eine gute Möglichkeit, die Tiere hautnah zu erleben, ergibt sich bei der Unterstützung örtlicher Naturschützer in Kammmolch-Gebieten. Viele Naturschutzvereine, wie z.B. NABU, bitten jährlich um Unterstützung bei der Rettung der Tiere auf ihren Wanderungen. Teilweise müssen sie hierfür stark befahrene Straßen überqueren, was Schutzmaßnahmen durch uns Menschen unverzichtbar macht. Dabei kann man örtliche Naturschützer beim Bau der Zäune und beim Transport der Tiere auf die andere Straßenseite unterstützen. Das hilft dem Kammmolch und allen anderen Amphibien. Somit kannst du die Tiere nicht nur aus nächster Nähe beobachten, sondern trägst auch zu ihrem Schutz bei. Auch für Kinder ist die Mitwirkung bei solchen Projekten eine tolle Erfahrung. Wetterfeste Kleidung, Gummistiefel und eine Taschenlampe sind bei der Kammmolchsuche am wichtigsten. Für Fotos eignen sich Makroobjektive.

DIE GELBBAUCHUNKE

Der Paarungsruf des Männchens, das „Uh - uh - uh“, ist bis zu einer Entfernung von 500 Metern zu hören.

STECKBRIEF

Wiss. Name: *Bombina variegata*
Größe: 3,5–5,5 cm
Gewicht: bis 6 g
Lebensdauer: bis zu 15 Jahre
Aktivität: tag- und nachtaktiv
Gefährdung: stark gefährdet

061

WISSENSWERTES

Gelbbauchunken sehen ganz besonders aus. Von oben wirken sie unscheinbar, perfekt an ihren Lebensraum angepasst. Am Bauch haben sie aber ein auffälliges gelbes Fleckenmuster. Bei Gefahr gehen sie in die Schreckstellung, bei der sie die Vorder- und Hinterbeine nach vorne strecken und somit ihre Warnfarben zu sehen sind. Da sie leicht toxisch ist, erfüllen die Warnfarben ihren Zweck. Außerdem hat die Unke herzförmige Pupillen.

VORKOMMEN

Die Gelbbauchunke kommt im Berg- und Hügelland vor. Die größten Vorkommen gibt es von 200 bis 600 m über NN. Einige sind auch im Flachland oder in Lagen bis zu 1.800 m über NN zu finden.

Ursprünglich ist sie eine Art der Bach- und Flussauen und nutzt so Gewässer, die durch die natürliche Dynamik entstehen. Heute ist sie auch viel in Ersatzlebensräumen wie Truppenübungsplätzen, Steinbrüchen und Kiesgruben und dort wiederum in Kleinstgewässern auf lehmigem Grund, zum Beispiel in Fahrspuren, Pfützen und Bombentrichtern zu finden. In Deutschland ist sie vor allem in Süd- bis Mitteldeutschland verbreitet. In Bayern und Baden-Württemberg bestehen die größten, fast flächendeckenden Vorkommen. In den restlichen Bundesländern gibt es oft nur isolierte Vorkommen. In Österreich ist sie in allen Bundesländern vertreten, fehlt jedoch im Osten und im Hochgebirge. Häufig ist sie in der Schweiz, insbesondere nördlich der Alpen zwischen Genf und Bodensee.

Häufig kann man die Unken mit ihrem Kopf aus dem Wasser schauen sehen.

VERHALTEN

Bei Gefahr verstecken sich die Gelbbauchunken in ihrem Gewässer oder gehen in Schreckstellung. Oft verlassen sie sich auch auf ihre Tarnung, die gut an ihren Lebensraum angepasst ist.

1

2

MEIN TIPP

Besonders in Süddeutschland kommt die Gelbbauchunke recht häufig vor. In den dortigen Mittelgebirgen sind die Chancen, die Tiere zur passenden Zeit an geeigneten Teichen zu finden, am höchsten.

JAHRESZEIT UND TAGESZEIT

Gelbbauchunken sind tag- und nachtaktiv.

April bis Juli

Je nach Witterung kann die Balz der Gelbbauchunken von Ende April bis Juni, manchmal bis in den Juli andauern. Dann rufen die Männchen ausgiebig aus den Tümpeln und Fahrspuren. Das Aktivitätsmaximum der Tiere erstreckt sich von der Mittagszeit bis zum frühen Abend. An sehr heißen Tagen kann es über die Mittagszeit Ruhephasen geben. Ausgiebige Regenfälle können die Aktivität begünstigen. Ab September leben die Tiere nur noch an Land. Die Winterruhe dauert ca. bis März oder April.

WETTER

Ab Wassertemperaturen von 11 bis 14 Grad beginnt die Fortpflanzungsperiode. Besonders aktiv sind die Unken nach starken Regenfällen. Bei zu hohen Temperaturen pausiert die Balz, bis es sich wieder etwas abgekühlt hat.

BEOBACHTUNG UND AUSRÜSTUNG

Wenn du gerne Gelbbauchunken beobachten möchtest, solltest du im Mai oder Juni ein Unkengebiet besuchen und dort an kleinen flachen Tümpeln oder Fahrspuren Ausschau halten. In diesen Gegenden kannst du die Männchen rufen hören. Bewegst du dich langsam und vorsichtig, gelingt es dir vielleicht, auch Unken im Gewässer zu entdecken.

1 Von oben sind Gelbbauchunken perfekt getarnt und sehr unscheinbar.

2 Anhand des individuellen Bauchmusters können einzelne Tiere unterschieden werden. Mit diesen Daten werden Populationsgrößen berechnet.

DIE GEBURTSHELFERKRÖTE

Die Geburtshelferkröte ist die kleinste heimische Krötenart. Ihren Namen hat sie von der Besonderheit, dass sich die Männchen die Laichschnüre um die Beine wickeln.

STECKBRIEF

Wiss. Name: *Alytes obstetricans*
Größe: bis 5,5 cm
Gewicht: bis 8 g
Lebensdauer: bis zu 14 Jahre
Aktivität: dämmerungs- und nachtaktiv
Gefährdung: stark gefährdet

062

WISSENSWERTES

Wie ihr Name schon verrät, gibt es eine Besonderheit bei der Aufzucht der Jungen. Männchen übernehmen nach der Befruchtung die Laichschnüre und wickeln sich diese um ihre Hinterbeine. Dort tragen sie sie bis zum Schlupf der Jungen umher und setzen sie sodann in geeignete Gewässer ab.

VORKOMMEN

In Deutschland hat die Art ihre nordwestliche Verbreitungsgrenze. Das Vorkommen beschränkt sich auf den zentralen Mittelgebirgsraum. Im Norden und Osten Niedersachsens (Harz, Weser-Leine-Bergland), im westlichen Sachsen-Anhalt und in Thüringen gibt es Vorkommen. Auch im Süden, in Nord- und Mittelhessen sowie am Nordwestzipfel von Bayern sind die Tiere verbreitet. Südwestlich von Nordrhein-Westfalen, im Saarland, in Rheinland-Pfalz und der südwestlichen Ecke Baden-Württembergs gibt es ebenfalls Vorkommen. Die Schweizer Vorkommen liegen nördlich der Alpen. In Österreich gibt es sie nicht.
Geburtshelferkröten leben in wärmebegünstigten Lebensräumen und benötigen zahlreiche bodenfeuchte Verstecke unter Steinen oder in Steinhaufen. Bei den Gewässern sind sie weniger anspruchsvoll. Es sollten kleine, sonnige bis halbschattige Kleingewässer und Tümpel zur Verfügung stehen.

VERHALTEN

Geburtshelferkröten sind sehr scheu und heimlich. Man bekommt sie nur schwer zu Gesicht.

JAHRESZEIT UND TAGESZEIT

In der Regel sind sie dämmerungs- und nachtaktiv. Bei der Balz rufen sie gelegentlich auch tagsüber.

MEIN TIPP

Gute Beobachtungschancen bestehen in stillgelegten Steinbrüchen, da sie zahlreiche Versteckmöglichkeiten für die Tiere bieten.

Die Männchen tragen die Eier bis zum Schlupf mit sich umher.

März bis August

Von Mitte März bis Mai wandern die Tiere zu ihren Laichgewässern, die oft in unmittelbarer Nähe der Landlebensräume und Verstecke liegen. Von März bis August kannst du die Männchen, oft aus Verstecken heraus, rufen hören. Bis in den August gibt es Männchen, die Eier in geeignete Gewässer tragen.

WETTER

In warmen Regennächten ist die Aktivität der Tiere am höchsten. Um sie rufen zu hören, muss es mindestens acht Grad warm sein.

BEOBACHTUNG UND AUSRÜSTUNG

Diese Tiere zu entdecken ist nicht leicht, jedoch auch nicht unmöglich. Am besten gehst du in feuchten Nächten im April oder Mai in Gebieten auf die Suche, in denen Geburtshelferkröten vorkommen. Dann kannst du in der Regel die Männchen aus ihren Verstecken rufen hören. Da sich die Rufe der Kröten glockenartig anhören, werden die Tiere im Volksmund auch „Glockenfrösche“ genannt. Wetterfeste Kleidung und eine Taschenlampe sind hilfreich, um die Tiere zu Gesicht zu bekommen.

DER LAUBFROSCH

Laubfrösche sind bei uns die einzigen Amphibien, die ausgiebig klettern. Sie sind in der Lage, senkrechte Wände hochzulaufen.

STECKBRIEF

Wiss. Name: *Hyla arborea*
Größe: 3–5 cm
Gewicht: 6–9 g
Lebensdauer: 3–6 Jahre
Aktivität: tag- und nachtaktiv
Gefährdung: gefährdet

063

WISSENSWERTES

Sie sind in der Lage, ihre Farbe zu wechseln. In der Regel sind sie hellgrün und damit gut an die Vegetation angepasst, in der sie häufig zu finden sind. Sie können die Farbe aber auch ins Gelbliche oder in andere Grün-, Braun- oder Grautöne verändern. Ausgelöst wird dieser Farbwechsel meist durch Veränderungen des Untergrundes. So bleibt er auf glatten Oberflächen, z. B. Blättern, oft grünlich und färbt sich auf rauen Oberflächen, z. B. Baumrinde, bräunlich.

VORKOMMEN

Der Laubfrosch besiedelt fischfreie, besonnte Kleingewässer mit Vegetation. Er benötigt aber auch einen gut strukturierten Landlebensraum mit Hochstauden und Gehölzen. In Deutschland kommt er in allen Bundesländern vor. Er besiedelt sowohl das Flachland als auch das Hügelland. Aus klimatischen Gründen kommt er in höher gelegenen Regionen nicht vor. Aber auch im Bereich der Nordsee, also Ostfriesland, Unterelbe und Emsland, ist diese Art aufgrund der sommerkühlen Verhältnisse nicht vertreten. Der Verbreitungsschwerpunkt befindet sich in Mecklenburg-Vorpommern, Sachsen-Anhalt, Niedersachsen, den Niederungen der Mittelelbe und im Leipziger Tieflandbecken und in Bayern. Auch in Österreich lebt der Laubfrosch in allen Bundesländern, insbesondere in den tiefergelegenen Regionen im Osten und Südosten, aber auch in den großen inneralpinen Tallagen. Es gibt in der Schweiz inselartige Vorkommen, überwiegend entlang der Flüsse auf der Nordseite der Alpen.

VERHALTEN

Laubfrösche können scheu sein. Im Gewässer können sie sich schnell verstecken, wenn Gefahr droht. Bei langsamer Bewegung und mit etwas Geduld kommen sie oft wieder aus ihren Verstecken heraus. An Land vertrauen sie oft auf ihre Tarnung.

JAHRESZEIT UND TAGESZEIT

Laubfrösche sind tag- und nachtaktiv. Rufe zur Balz ertönen erst im Dunklen, später auch am Tag.

1

2

3

April bis Juli

Wenn ab April die Temperaturen am Abend höher als 12 Grad liegen, wandern Laubfrösche in ihre Laichgewässer ab. Die Rufaktivität der Männchen beginnt in der Regel in den ersten Maitagen und setzt sich bis in den Juli fort. In dieser Zeit rufen die Männchen um und aus dem Gewässer.

Juli bis August

Im Sommer befinden sich die Tiere in ihren Landlebensräumen. Dort ruhen die Tiere dann am kühlen Morgen gerne auf trockenen und besonnten Plätzen. Bei diesen Plätzen handelt es sich oft um Vegetation in der Nähe der Laichgewässer, beispielsweise sitzen sie gerne auf Brombeeren oder Kletten.

August bis September

Nach einer Pause rufen die Männchen im Spätsommer und Frühherbst (Altweibersommer) erneut, meist einzeln aus ihren Landverstecken in Bäumen, Hecken und Sträuchern.

WETTER

Ab Temperaturen von 12 bis 14 Grad beginnt die Rufaktivität. Ideal sind Temperaturen über 15 Grad.

BEOBACHTUNG UND AUSRÜSTUNG

Bei geeigneten Temperaturen im Mai lassen sich Laubfrösche schon aus weiter Entfernung orten. Mit einer Taschenlampe kannst du das Gewässer absuchen und dort die Frösche bei der Balz beobachten, aber bitte nicht stören. Im August kannst du den Bereich um das Laichgewässer nochmals aufsuchen und die Tiere am Morgen auf der Vegetation beobachten.

1 Laubfrösche haften perfekt an der Vegetation.

2 An Halmen oder auf Blättern vertrauen Laubfrösche auf ihre Tarnung.

3 Laubfrösche rufen aus dem Wasser und ab dem Spätsommer auch von Warten aus.

MEIN TIPP

Im Ochsenmoor, südlich des Dümmers, ist die Chance, Laubfrösche zu hören und zu sehen, garantiert.

DER MOORFROSCH

Zur Balzzeit sind die Männchen knallig blau gefärbt. Der Moorfrosch wurde im Jahr 2025 zum „Lurch des Jahres“ gewählt.

STECKBRIEF

Wiss. Name: *Rana arvalis*
Größe: 5 bis max. 8 cm
Gewicht: 15–30 g
Lebensdauer: bis ca. 10 Jahre
Aktivität: tag- und nachtaktiv
Gefährdung: gefährdet

064

WISSENSWERTES

Die Männchen der Moorfrösche entwickeln für wenige Tage während der Hauptbalz eine intensive blaue Färbung, um die Weibchen zu beeindrucken. Ihr Ruf hört sich dabei wie ein Blubbern an.

VORKOMMEN

Der Moorfrosch kommt in Deutschland überwiegend im Norden und Osten vor. Der Verbreitungsschwerpunkt liegt in der norddeutschen Tiefebene und in Ostdeutschland. Im restlichen Teil von Deutschland, also im Westen und Süden, ist er nur sehr lückenhaft verbreitet. Einige wenige Vorkommen gibt es in Nordrhein-Westfalen entlang des Rheins und in Rheinland-Pfalz und Baden-Württemberg, vereinzelte in Bayern. Der Moorfrosch besiedelt vorwiegend Lebensräume mit hohem Grundwasserstand, wie z.B. Zwischen- und Niedermoore, Bruchwälder, Sumpf- und Nasswiesen oder Weichholzauen.

VERHALTEN

Moorfrösche können sehr scheu sein, Beobachtungen sind aus gewisser Entfernung und bei rücksichtsvollem Verhalten jedoch möglich.

JAHRESZEIT UND TAGESZEIT

In der Fortpflanzungszeit sind sie sowohl tag- als auch nachtaktiv. Im Sommerlebensraum zeigen sie sich überwiegend nachtaktiv. Besonders aktiv sind die Tiere bei Sonnenschein, am späten Nachmittag und in der ersten Nachthälfte.

Februar bis April

Grundsätzlich leben die Tiere, außer in der Balzzeit, sehr heimlich. Steigen im Februar die Temperaturen über mehrere Tage auf über 10 Grad an, beginnt die Wanderung zu den Laichgewässern. Ab einer Wassertemperatur von ca. 10 bis 15 Grad herrschen optimale Bedingungen für Balz und Laichakt. Die Männchen sind während der Hauptbalz für wenige Tage knallblau gefärbt,

1

2

3

MEIN TIPP

Ein guter Beobachtungsort ist Pietzmoor bei Schneverdingen in der Lüneburger Heide. Dort kannst du von den Bohlenstegen des Rundweges, der durch das Moor führt, die Tiere störungsfrei sehen.

um in der Balz möglichst erfolgreich zu sein. Die Hauptzeit der Balz unterscheidet sich nach Region und Witterung. In den meisten Lebensräumen in Deutschland findet die Hochbalz in der dritten Märzdekade statt. Der Klimawandel führt zu Verschiebungen.

WETTER

Eine Temperatur von 10 bis 15 Grad ist optimal für eine hohe Rufaktivität. Sonnenschein kann die Aktivität der Balz noch begünstigen.

BEOBACHTUNG UND AUSRÜSTUNG

Während der Balz lassen sich die Tiere gut beobachten. Nähere dich mit Bedacht und beobachte die Tiere aus einer Entfernung, die nicht zur Störung führt. In naturnahen Mooren in Nord- und Ostdeutschland hast du gute Chancen. Die Schwierigkeit besteht darin, die Tiere während des kurzen Zeitraums der Hauptbalz zu finden, in der die Männchen in ihrer vollen blauen Pracht zu sehen sind. Ein Fernglas für störungsfreie Beobachtungen ist wichtig. Für Fotos sind Objektive mit großer Brennweite von Vorteil.

1 Während der Balz können sich Hunderte Tiere gleichzeitig im Wasser aufhalten.

2 Nach der Balz sind Weibchen und Männchen unauffällig gefärbt und ähneln Grasfröschen.

3 Nur während weniger Tage in der Hauptbalz sind die Männchen auffällig hellblau gefärbt.

DAS „BLUBBERN“ DER BLAUEN MOORFRÖSCHE

Schon immer war ich ein großer Amphibien- und Reptilienfan. Seit meiner frühsten Kindheit lief ich draußen herum, suchte nach Fröschen und Kröten und drehte dabei jeden Stein und Baumstumpf um.

In meiner Heimat gibt es verschiedene Amphibienarten wie z. B. den Kammmolch, den Laubfrosch und den Feuersalamander. Einige sehr schöne Arten leben jedoch leider nicht im Umkreis meiner Heimat. Eine dieser Arten ist der Moorfrosch, dessen einzigartige blaue Färbung der Männchen mich immer fasziniert hatte. So blieb die Sichtung eines Moorfrosches während der Paarung weiterhin ein entfernter Wunsch von mir. Für mein Studium zog ich aber in eine Gegend, in der Moorfrösche häufiger anzutreffen waren. So freute ich mich schon im ersten Wintersemester darauf, mich im Frühjahr auf eine Tour in die Moore zu begeben, um endlich Moorfrösche beobachten zu können. Während der ersten schönen Tage im April machte ich mich auf den Weg in die Moore mit Moorfroschvorkommen. Doch zu meiner Enttäuschung war nichts los. Als ich genauer hinschaute, sah ich, dass die Tiere bereits gelaicht hatten. Im nächsten Jahr startete ich einen zweiten Versuch, aber ich war wieder zu spät dran. Ich konnte noch einige wenige Exemplare „blubbern“ hören. Sehen konnte ich sie jedoch nicht. So musste ich erneut ein Jahr auf den passenden Zeitpunkt warten, um die Moorfrösche bei ihrer Balz zu erwischen. Allerdings durchkreuzte eine Pflichtexkursion meine Pläne – genau im Zeitraum der Moorfroschbalz. Schon wieder Pech! Für meine Masterarbeit kam ich dann endlich zur Datenaufnahme in ein Gebiet, in dem auch Moorfrösche vorkamen. Und tatsächlich ergab sich während der Erhebung zur Monatswende vom März in den April die Gelegenheit, balzende und blau gefärbte Moorfrösche direkt in einem Graben am Wegesrand zu beobachten. Ungefähr zehn Männchen blubberten in voller blauer Farbenpracht vor sich hin. Ich beobachtete das Spektakel eine Weile und fuhr glücklich nach Hause. Zwei Tage später war die Balz vorbei. Im Graben war der Laich abgelegt und die Moorfrosch-Männchen waren wieder fort.

1

2

3

1 + 2 Es ist ein unvergessliches Erlebnis, wenn du Hunderte blaue Moorfrösche blubbern hören und sehen kannst.

3 Das Spektakel beobachtete ich eine Zeit lang und fuhr dann überglücklich heim.

DIE EUROPÄISCHE SUMPFSCHILDKRÖTE

Sie ist die einzige in Deutschland heimische Schildkrötenart. Leider findet man vielerorts nur ausgesetzte invasive Arten, wie zum Beispiel die Rotwangen-Schmuckschildkröten.

STECKBRIEF

Wiss. Name:
Emys orbicularis
Länge: 20 cm
Gewicht: 400–700 g
Lebensdauer:
bis 12 Jahre
Aktivität: tagaktiv
Gefährdung:
vom Aussterben bedroht

WISSENSWERTES

Ein Grund dafür, warum die Europäische Sumpfschildkröte heute so selten ist, ist deren Verfolgung: Als Delikatesse und beliebte Fastenspeise wurden die Tiere systematisch gefangen und für den Verzehr verkauft. Aber auch die Zerstörung ihrer natürlichen Lebensräume trug dazu bei. Heute leiden die letzten Vorkommen zusätzlich unter einem starken Prädationsdruck durch Waschbären.

VORKOMMEN

Die Sumpfschildkröte ist in Deutschland fast ausgestorben. Die letzten, natürlich verbliebenen Vorkommen liegen in Brandenburg, beispielsweise im Naturpark Uckermärkische Seen und im Westhavelland. Zudem gibt es Gebiete mit aktiven Wiederansiedlungen, wie im Steinhuder Meer in Niedersachsen und im Bobenheim-Roxheimer Altrheingebiet in Rheinland-Pfalz. In Österreich gibt es noch Vorkommen im Nationalpark Donau-Auen. Sumpfschildkröten benötigen krautreiche Teiche und langsam fließende Gewässer, aber auch Brackwassergebiete in Flussmündungen. Zudem sind Eiablageplätze in Gewässernähe und gute Überwinterungsstrukturen nötig.

VERHALTEN

Sumpfschildkröten sind scheu, aus sicherer Entfernung lassen sich die Tiere aber gut beobachten.

JAHRESZEIT UND TAGESZEIT

Sumpfschildkröten sind tagaktiv.

März bis Oktober

Je nach Witterung beenden Sumpfschildkröten ab Ende März bis Anfang April ihre Winterruhe. Dann beginnen sie relativ schnell mit der Paarungszeit. Sie verläuft von Mitte März bis ca. Mitte April. In der ersten Junihälfte erfolgt die Eiablage in geeigneten Habitaten an Land.

Je nach Witterung beginnt die Winterruhe ab Mitte Oktober.

WETTER

Da sie wechselwarm sind, benötigen Sumpfschildkröten entsprechend warme Temperaturen. Steigen die Temperaturen auf über 15 Grad kommen sie zum Sonnenbaden an exponierte Stellen, wie zum Beispiel auf Totholz.

BEOBACHTUNG UND AUSRÜSTUNG

Am besten kannst du die Tiere beim Sonnenbaden auf Totholz oder Steinen in den Schildkrötengewässern beobachten. Da die Tiere extrem selten sind, sind die Beobachtungsoptionen rar. In den genannten Gebieten besteht jedoch eine zumindest etwas höhere Chance, die Tiere im Frühling bei geeignetem Wetter an Gewässern zu sehen. Da die Tiere recht scheu sind, ist es ratsam, ein Fernglas mit sich zu führen, um die Tiere nicht zu stören und aus der Entfernung beobachten zu können. Ein Objektiv mit 500 mm Brennweite oder mehr kann ebenfalls hilfreich sein.

MEIN TIPP

Die besten Chancen, die Tiere zu sehen, hast du im Naturpark Uckermärkische Seen, am Steinhuder Meer oder in Österreich im Nationalpark Donau-Auen.

Sumpfschildkröten sitzen gerne zum Sonnenbaden auf Totholz.

DIE ZAUNEIDECHSE

Die Zauneidechse kann in ihrer Färbung und Zeichnung sehr variabel sein. Ihren Schwanz kann sie bei Gefahr abwerfen.

STECKBRIEF

Wiss. Name: *Lacerta agilis*
Größe: bis 24 cm
Gewicht: bis 19 g
Lebensdauer: 6–8 Jahre
Aktivität: tagaktiv
Gefährdung: ungefährdet

WISSENSWERTES

Zauneidechsen haben viele Fressfeinde, darunter Katzen, Füchse oder Greifvögel. Um sich vor Fressfeinden zu schützen, verfügen Zauneidechsen wie andere Echsenarten über eine besondere Fähigkeit: Sie sind in der Lage, einen Teil ihres Schwanzes abzuwerfen, der sich anschließend noch bewegt. Dieser lenkt den Fressfeind ab und die Eidechse kann flüchten. Die Zauneidechse ernährt sich räuberisch von Insekten, Regenwürmern und Spinnen. Tau oder kleine Tropfen auf Pflanzen nutzt sie zum Trinken.

VORKOMMEN

Die Zauneidechse kommt in Deutschland in jedem Bundesland vor. Im Westen und Nordwesten ist sie seltener. Richtung Norden wird die Verbreitung immer lückenhafter, dort kommt sie oft nur in wärmebegünstigten Gebieten vor. Ihre Siedlungsschwerpunkte liegen im Osten Deutschlands, vor allem in der Lausitz, im Leipziger Raum und in den Vorbergen des Thüringer Waldes. Sie ist aber auch im Süden Deutschlands häufig anzutreffen, vor allem in Baden-Württemberg, Rheinland-Pfalz, Hessen und Bayern. Die Zauneidechse kommt in Österreich in allen Bundesländern auf einer Höhe von 115 bis 1.700 m über NN (so hoch selten, meistens deutlich niedriger) vor. In der Schweiz kommt sie insbesondere im Mittelland zwischen Genf und Bodensee, aber auch in warmen Tallagen des Juras und der Alpen vor. Die Zauneidechse lebt u.a. in Kiesgruben, Heiden, Mooren, Säumen, Dünen, Wildgärten, Bahndämmen, Steinbrüchen und an trockenen Waldrändern. Wichtig sind Steine, Totholz, Altgras und Offenbodenstellen.

VERHALTEN

Zauneidechsen können sehr scheu sein. Sie sind leichter zu beobachten, wenn die wechselwarmen Tiere noch nicht „auf Temperatur“ sind. Noch nicht von der Sonne aufgewärmt, bewegen sich die Eidechsen nur sehr träge. Flüchten sie, trauen sie sich nach einer Weile jedoch wieder aus ihrem Versteck heraus und platzieren sich auf den gleichen Sonnenstellen wie zuvor.

1 Zauneidechsen gehören bei uns zu den schönsten und größten Eidechsen.

2 Mit etwas Glück kannst du die Tiere bei der Nahrungssuche beobachten.

3 Männchen und Weibchen (vorne) sind unterschiedlich gefärbt.

1

2

3

1

2

MEIN TIPP

In reich strukturierten, halboffenen Landschaften in Mittel- oder Süddeutschland sind die Chancen, Zauneidechsen zu sehen, recht hoch. Am besten hältst du Ausschau an sonnenexponierten Stellen am Vormittag.

1 Die Jungtiere sind oft die ersten und letzten Zauneidechsen, die im Jahr aktiv sind.

2 Besonders zur Paarung sind die Männchen leuchtend grün gefärbt.

JAHRESZEIT UND TAGESZEIT

Am aktivsten sind Zauneidechsen am späteren Vormittag. Sie müssen sich erst aufwärmen, um aktiv zu werden. In den oft zu heißen Mittagsstunden ruhen sie versteckt. Wenn es wieder etwas kühler wird, werden die Eidechsen gegen Nachmittag und Abend noch mal aktiver. Im Frühling und Herbst liegt das Aktivitätsmaximum meist zwischen 11:00 und 13:00 Uhr. Im Hochsommer ist die Aktivität am frühen Vormittag und am Abend am höchsten.

März bis Oktober

Die aktive Zeit der Zauneidechsen ist abhängig von der Witterung. Meist beginnt sie Ende März. Die Männchen und Jungtiere werden zuerst aktiv, etwa drei Wochen später auch die Weibchen. Die Tiere sonnen sich am späteren Vormittag auf exponierten Stellen und begeben sich dann auf Beutezug. Ab Ende April beginnt die Paarungszeit. Diese Zeit kann für Beobachtungen sehr spannend sein. Die Männchen sind dann an den Seiten und am Kopf auffällig grün gefärbt. Treffen Männchen aufeinander, kann es zu Drohgebärden und Kämpfen kommen. Weibchen werden, wenn sie noch nicht paarungsbereit sind, oft von den Männchen verfolgt und für die Paarung mit einem Biss fixiert. Nach erfolgreicher Paarung bleibt das Männchen oft noch in der Nähe des Weibchens und verteidigt es vor anderen Männchen. Im Sommer halten sich die Tiere bei großer Hitze oft versteckt. Sie kommen nur aus ihren Verstecken heraus, wenn es zur frühen Tageszeit etwas kühler ist. Im Frühherbst sind sie wieder besser für den Menschen sichtbar. Je nach Witterung begeben sich Zauneidechsen ab Oktober in die Winterruhe. Die Jungtiere sind oft länger aktiv als die adulten Tiere und können auch noch im Herbst angetroffen werden.

WETTER

Ab einer Temperatur von 18 Grad können die Tiere angetroffen werden. Bei schlechter Witterung und bei Temperaturen unter 18 Grad sowie bei Regen oder zu hohen Temperaturen sind die Tiere nicht aktiv.

BEOBACHTUNG UND AUSRÜSTUNG

Bei uns gibt es viele Gebiete, in denen Zauneidechsen vorkommen, besonders im Süden und Osten Deutschlands. Beispielsweise kommen sie in der Lüneburger Heide, auf der Schwäbischen Alb, am Kaiserstuhl, in den Weinbergen der Mosel und Nahe, im Allgäu, im Nationalpark Berchtesgaden oder in der Lausitz häufig vor. In den Vormittagsstunden an sonnenexponierten Standorten mit geeigneten Strukturen wie Totholz, Steinhaufen, Zaunpfählen etc. kannst du nach den sich sonnenden Tieren Ausschau halten. Verhältst du dich über eine längere Zeit an einem passenden Standort ruhig, gelingt es dir vielleicht, die Tiere zu beobachten. Ein kleines Fernglas für störungsfreie Beobachtungen kann von Vorteil sein. Für Fotos sind Objektive mit großer Brennweite gut.

DIE SMARAGDEIDECHSE

Ihr Name ist Programm: Die Smaragdeidechse gehört bei uns zu den buntesten Reptilien. Smaragdgrün schillert sie in der Sonne.

STECKBRIEF

Wiss. Name: *Lacerta bilineata, Lacerta viridis*
Größe: bis ca. 40 cm
Gewicht: bis 55 g
Lebensdauer: ca. 8 Jahre
Aktivität: tagaktiv
Gefährdung: vom Aussterben bedroht

WISSENSWERTES

In Deutschland kommen zwei Arten der Smaragdeidechse vor. Die Westliche Smaragdeidechse und die Östliche Smaragdeidechse. Beide sehen sich sehr ähnlich.

VORKOMMEN

In Deutschland gibt es nur ein paar wenige vereinzelte Vorkommen.
Die Westliche Smaragdeidechse kommt am Kaiserstuhl, am Tuniberg in Baden-Württemberg, am Mittelrhein, am Unterlauf der Mosel, an wärmebegünstigten Hängen des Mittelrheins und der Nahe in Rheinland-Pfalz vor. Außerdem gibt es kleine vereinzelte Vorkommen im Lahntal in Hessen.
Die Östliche Smaragdeidechse kommt nur in den Donauhängen bei Passau und inselartig im östlichen Brandenburg in der Niederlausitz vor. In Österreich findest du die Östliche Smaragdeidechse in den östlichen Beckenlagen Kärntens, entlang der Donau, dem Kamp und an der Drau. Zudem gibt es Vorkommen in der Wachau und an den Bergabbrüchen des Villacher Beckens. Smaragdeidechsen mögen südexponierte Hanglagen, Halb- und Trockenrasen mit Gebüschen, Legesteinmauern und Weinbaugebiete.

VERHALTEN

Smaragdeidechsen können sehr scheu sein. Beobachtungen gelingen besser, wenn die wechselwarmen Tiere noch nicht „auf Temperatur“ sind.

JAHRESZEIT UND TAGESZEIT

Am aktivsten sind sie am späteren Vormittag. Zuvor müssen sie sich jedoch erst in der Sonne aufwärmen. In den heißen Mittagsstunden ruhen sie oft versteckt. Wenn es im Tagesverlauf wieder etwas kühler wird, werden sie am Nachmittag und Abend noch mal aktiv.

März bis Oktober

Nach einer sechsmonatigen Winterruhe kommen die ersten Smaragdeidechsen bei passender Witterung

1

2

ab Ende März aus ihren Winterquartieren. Die Weibchen folgen erst etwa einen Monat später. Die Paarung verläuft dann von Ende April bis Mitte Juni. Die Männchen liefern sich oft heftige und geräuschvolle Balzkämpfe und jagen sich durch die Vegetation. Ab dem Spätsommer nimmt die Aktivität immer weiter ab. Je nach Witterung ziehen sich die adulten Smaragdeidechsen ab Mitte September wieder in die Winterquartiere zurück. Jungtiere können zum Teil etwas länger aktiv sein.

WETTER

Smaragdeidechsen sind wärmeliebend. Die meisten Tiere sind bei Temperaturen um 25 Grad unterwegs. Bei schlechter Witterung, zu kühlen Temperaturen, Regen oder zu hohen Temperaturen sind die Tiere nicht aktiv.

BEOBACHTUNG UND AUSRÜSTUNG

Ein Besuch in einem Smaragdeidechsengebiet im Juni bei passendem Wetter ist sicherlich erfolgversprechend. In dieser Zeit wird man die Tiere zeitnah am Wegesrand oder an exponierten Sonnenbadestellen, wie Steinmauern, Steinen oder Totholz entdecken. Ein Fernglas für störungsfreie Beobachtungen kann von Vorteil sein. Für Fotos sind Objektive mit großer Brennweite sinnvoll.

1 Die Smaragdeidechse ist die größte und farbenprächtigste Echse in Deutschland.

2 Oft findest du die Tiere an Steinen mit umliegender Vegetation.

MEIN TIPP

Ich kann dir die besonntesten Hänge an der Nahe oder Mosel empfehlen. Bei guten Bedingungen ist deine Suche in den Weinbergen mit etwas Glück erfolgreich. Dort siehst du sie nicht an den kargen Felsen, sondern an Plätzen mit Vegetation, wo sich die Tiere tarnen und im Notfall verstecken können.

DIE RINGELNATTER

Ein „Halsring“, gebildet durch die beiden gelben Nackenflecken, könnte ihr zum Namen verholfen haben. Außerdem ringelt sie sich auch gerne ein.

STECKBRIEF

Wiss. Name: *Natrix natrix*
Größe: 60–100 cm
Gewicht: 140–500 g
Lebensdauer: 15–25 Jahre
Aktivität: meist tagaktiv
Gefährdung: ungefährdet

Ringelnattern lieben Wasser. Du kannst sie also auch schwimmen sehen.

WISSENSWERTES

Die Ringelnatter ist die mit Abstand häufigste und am weitesten verbreitete Schlangenart bei uns. In Deutschland gibt es zwei Arten: die Gewöhnliche Ringelnatter und die Barrenringelnatter. Erst durch Genuntersuchungen wurde 2017 herausgefunden, dass es sich bei der Barrenringelnatter um eine eigene Art handelt. Die Barrenringelnatter ist größer und kräftiger als die Gewöhnliche Ringelnatter, außerdem fehlen bei ihr die gelben Stellen am Kopf.

VORKOMMEN

In Deutschland ist die Ringelnatter fast überall verbreitet. In den Hochlagen im Gebirge ab 1.300 m über NN, auf den Ostfriesischen Inseln und in den Marschgebieten kommt sie hingegen nicht vor. In ausgeräumten Agrarlandschaften ist sie in der Regel auch nicht vorhanden. In Österreich kommt sie fast überall bis zu einer Höhe von 1.700 m über NN vor, aber aus klimatischen Gründen in einigen inneren Tälern, den Alpen und Höhenlagen nicht. Die höchsten Dichten befinden sich entlang der Donau-Auen, Mur, March, Salzach, Drau, am Neusiedler See, in den Teichlandschaften des Waldviertels und in der Steiermark. In der Schweiz lebt sie nur im nordöstlichen Zipfel von Zürich bis zum Bodensee. Präferiert werden reich strukturierte Feuchtgebiete mit Sonnenplätzen, wie Schilfhaufen, Stege, Totholz, Steine, Amphibiengewässer und frostfreie Winterquartiere.

VERHALTEN

Ringelnattern sind scheu. Wenn du sie sehen möchtest, musst du dich ihnen sehr langsam und vorsichtig nähern.

1

2

1 Bei richtigem Verhalten gelingen hautnahe Beobachtungen.

2 Am Vormittag wärmen sich die Tiere beim Sonnenbaden auf.

JAHRESZEIT UND TAGESZEIT

Ringelnattern sind tagaktiv. Häufig kann man sie am späteren Vormittag beim Sonnenbaden entdecken.

März bis Oktober

Bei den richtigen Witterungsbedingungen kommen Ringelnattern im März und April aus ihren Winterquartieren hervor. Zwischen Ende April und Ende Mai ist die Paarungszeit. Dabei kann es zu großen Ansammlungen kommen. Manchmal werben um die 20 Männchen um ein Weibchen. Bei hohen Temperaturen im Sommer leben Ringelnattern eher versteckt. Im Herbst werden sie wieder aktiver. Je nach Lebensraum ziehen sie sich ab Ende September wieder in ihre Winterquartiere zurück.

WETTER

Ringelnattern mögen warmes, aber nicht zu heißes Wetter. In der Mittagshitze ziehen sie sich deshalb in ihre Verstecke zurück. Bei kaltem Wetter oder Wind sind sie ebenfalls weniger aktiv.

BEOBACHTUNG UND AUSRÜSTUNG

In den großen Feuchtgebieten in Süd-, Ost- oder Nordostdeutschland bestehen vielversprechende Chancen, Ringelnattern zu entdecken. Wer im April vormittags an warmen Stellen nach den Tieren Ausschau hält, an denen Ringelnattern gerne sonnenbaden, zum Beispiel an Stegen, Schilfhaufen und in Totholz, wird mit etwas Glück tolle Beobachtung machen können. Ein Fernglas für störungsfreie Beobachtungen kann von Vorteil sein. Für Fotos sind Objektive mit großer Brennweite geeignet.

MEIN TIPP

Ein guter Ort, um Ringelnattern zu beobachten, ist das Feuchtgebiet Rieselfelder Münster in Nordrhein-Westfalen. Dort leben auf relativ kleiner Fläche viele Ringelnattern.

DIE WÜRFELNATTER

Sie ist eine der seltensten Schlangenarten bei uns, gehört zu den sogenannten Schwimmnattern und kann sehr lange unter Wasser bleiben.

STECKBRIEF

Wiss. Name:
Natrix tessellata
Größe: bis 70 cm
Gewicht: max. 400 g
Lebensdauer:
bis 20 Jahre
Aktivität: tagaktiv
Gefährdung:
vom Aussterben bedroht

WISSENSWERTES

Keine andere Schlangenart ist bei uns so sehr an den Lebensraum Wasser gebunden. Auf der Jagd sind Würfelnattern wahre Tauchkünstler. Bis zu 25 Minuten können sie unter Wasser bleiben.

VORKOMMEN

In Deutschland existieren nur drei kleine und voneinander isolierte Populationen: an den Rheinnebenflüssen Lahn, Mosel und Nahe. An der Elbe, in der Stadt Meißen in Sachsen, wurde die Art erfolgreich wieder angesiedelt. In Österreich findet man sie vorwiegend in den wärmebegünstigten Flusslandschaften. Sie kommt in Niederösterreich hauptsächlich im Thayatal, an der Pielach, Kamp, Krems, Leitha und Schwechat vor, vereinzelt auch an der Donau und Marche. Die Vorkommen in der Schweiz sind nur im Süden im Tessin natürlich. Durch Aussetzungen gibt es sie aber auch im Alpnacher, Briezener, Genfer und Zürichsee. Würfelnattern brauchen Gewässer mit steinigem Ufer, mit Flachwasserpartien und Verstecken an Land. Flache und strömungsberuhigte Zonen mit Sonneneinstrahlung sowie Gewässer in der Nähe von Hängen mit Trockenrasen und Unterschlupfen, wie Felsen und Trockenmauern, sind ebenfalls wichtig.

VERHALTEN

Die Würfelnattern gelten als scheu. Sichtungen sind nur bei ruhigem Verhalten und langsamen Bewegungen möglich.

JAHRESZEIT UND TAGESZEIT

Die Tiere sind am Vormittag oft mit Sonnenbaden beschäftigt. In der Mittagszeit wird meist geruht. Den Nachmittag verbringen sie auf der Jagd.

April bis Oktober

Sie kommen in der Regel Mitte bis Ende April aus ihren Winterquartieren, die Weibchen meist etwas früher. Zwei bis vier Wochen nach dem Verlassen des Winterquartiers beginnt die Paarung. In der Regel im Mai und Juni. Oft treffen in der

1

MEIN TIPP

Entlang der Nahe bei Bad Kreuznach gibt es die größte Würfelnatter-Population Deutschlands. In der richtigen Jahreszeit und bei passenden Wetterbedingungen, kannst du dort die Tiere am Ufer entdecken.

2

Paarungszeit viele Individuen aufeinander und es kann zu „Paarungsknäueln“ kommen. Da die Tiere in der Zeit häufig am und im Wasser auf der Jagd sind, findet dort in der Regel auch die Paarung statt. Ab Oktober suchen die Tiere dann wieder ihre Winterquartiere auf.

WETTER

Aktiv werden die Tiere in der Regel erst, wenn eine konstante Wassertemperatur von über 12 Grad vorherrscht. Würfelnattern sind in der Regel bei gutem, aber nicht zu heißem Wetter unterwegs. Bei Temperaturen über 25 Grad sind sie überwiegend am Morgen und in den Abendstunden unterwegs.

BEOBACHTUNG UND AUSRÜSTUNG

Würfelnattern lassen sich gut im Mai oder Juni an den oben genannten Orten beobachten. Am Rand des Gewässers kann man den Tieren morgens beim Sonnen zuschauen. Anschließend kann man sie in den Flachwasserzonen der Gewässer jagen sehen. Ein kleines Fernglas kann helfen, die Tiere zu finden und im Detail zu beobachten.

1 Gut getarnt sonnen sich die Tiere am Vormittag, bevor sie auf die Jagd gehen.

2 Würfelnattern sind besonders häufig an, im und auch unter Wasser zu finden.

DIE KREUZOTTER

Die Färbung der Kreuzottern ist sehr variabel. Sie reicht von Silbergrau, Hell- und Dunkelgrau, Braun, Blaugrau, Orange, Rotbraun, Kupferrot bis zu Schwarz.

STECKBRIEF

Wiss. Name:
Vipera berus
Größe: 50–90 cm
Gewicht: 100–300 g
Lebensdauer:
ca. 15 Jahre
Aktivität: meist tagaktiv
Gefährdung:
stark gefährdet

Ihr unverkennbares Muster verhalf der Kreuzotter zu ihrem Namen.

WISSENSWERTES

Die Kreuzotter gehört zu den wenigen Giftschlangen bei uns. Ihr Gift ist zwar relativ stark, allerdings ist ihr Giftvorrat so klein, dass er für gesunde Menschen nicht gefährlich ist. Für alte oder kranke Menschen und Kinder kann ein Kontakt mit dem Gift jedoch gefährlich werden.

VORKOMMEN

In Deutschland hat die Kreuzotter ihren Verbreitungsschwerpunkt in den Mooren und Heiden des norddeutschen Tieflandes und den östlichen Mittelgebirgen. Zudem gibt es sie vereinzelt in Süddeutschland, zum Beispiel im Schwarzwald und auf der Schwäbischen Alb. Auch im Alpenvorland und den Alpen ist sie verbreitet. Die größten zusammenhängenden Vorkommen gibt es in Bayern, Thüringen und Sachsen. Vor allem im Bayerischen Wald bis ins Fichtelgebirge ist sie anzutreffen. Von dort erstreckt sich das Vorkommen über das westliche Thüringen und das östliche Hessen bis in die Lausitz. Ansonsten herrschen große Verbreitungslücken in den restlichen Teilen Deutschlands. In Österreich gibt es Kreuzottern im zentralen und südwestlichen Teil, im Osten fehlt sie. Sie kommt in der Schweiz im südlichen und südwestlichen Teil der Alpen vor. Sie lebt in Mooren, Heiden, feuchten Niederungen, alpinen Geröllfeldern und Bergwiesen im Bereich der Baumgrenze bis 3.000 m über NN.

VERHALTEN

Scheu. Wer die Tiere sehen möchte, muss sich sehr ruhig verhalten.

JAHRESZEIT UND TAGESZEIT

Die Kreuzotter ist tagaktiv. Nur bei sehr warmen Bedingungen verschiebt sich ihre Aktivität in die Dämmerung.

1 Für gesunde Erwachsene ist das Gift, das die Kreuzotter beim Biss abgibt, allgemein nicht lebensbedrohlich.

2 Häufig halten sich die Tiere gut getarnt in der Vegetation auf. Du benötigst ein gutes Auge, um sie zu entdecken.

Februar bis Oktober

Die Aktivität der Männchen nach der Winterruhe beginnt je nach Standort und Witterungsbedingungen im Februar. Die Weibchen folgen in der Regel zwei Wochen später. Die Paarungszeit ist von April bis Mai. Dabei kommt es unter den Männchen zu spannenden Kommentkämpfen, bei denen sie ihre Oberkörper aufrichten und versuchen, ihren Rivalen runterzudrücken. Je nach Region beginnt die Winterstarre ab Oktober. Die aktivste Zeit ist in der Regel im Frühjahr und im Frühherbst. Bei zu heißem Wetter im Sommer verlagert sich die Aktivitätszeit.

WETTER

Kreuzottern sind bei einer Temperatur von drei Grad noch in der Lage sich zu bewegen. Sie lassen sich durch die Sonne gerne auf ihre beste Aktivitätstemperatur von 30 bis 33 Grad aufheizen. Um diese Temperatur nicht zu übersteigen, darf sich die Kreuzotter nicht zu lange in der Sonne aufhalten. An schwülwarmen Tagen oder nach längeren Regenperioden ist sie besonders aktiv.

BEOBACHTUNG UND AUSRÜSTUNG

Kreuzottern lassen sich am besten in den Mooren und Heiden des Norddeutschen Tieflandes, aber auch in den südlichen Mittelgebirgen und Alpen beobachten. Wenn du im Frühjahr vormittags entlang der Wege an besonnten Stellen in der Nähe von Büschen und Zwergsträuchern Ausschau hältst, wirst du mit Glück eine sich sonnende Kreuzotter sehen. Ein kleines Fernglas für störungsfreie Beobachtungen kann von Vorteil sein, für Fotos sind Objektive mit großer Brennweite passend.

MEIN TIPP

Das Pietzmoor in der Lüneburger Heide oder die Grindenflächen auf den Hochflächen des Nationalparks Schwarzwald kann ich dir empfehlen. Hier kannst du mit etwas Glück die Tiere vormittags entlang der Wege beim Sonnenbaden beobachten.

DIE GOTTESANBETERIN

Ihr geht ein Ruf voraus, an den die meisten sofort denken: Nach der Paarung wird das Männchen oft vom Weibchen verspeist.

STECKBRIEF

Wiss. Name: *Mantis religiosa*
Größe: 6–8 cm
Gewicht: bis 8 g
Lebensdauer: 7–11 Monate
Aktivität: tag- und nachtaktiv
Gefährdung: ungefährdet

WISSENSWERTES

Gottesanbeterinnen sind die einzigen Fangschrecken bei uns. Mit den Fangbeinen können sie ihre Beute schnappen und fixieren. Die Weibchen sind deutlich größer als die Männchen. Ein so großer Unterschied zwischen den Geschlechtern wird als Geschlechtsdimorphismus bezeichnet. Nach der Paarung wird das Männchen oft vom Weibchen verspeist.

VORKOMMEN

Die Gottesanbeterin gehört zu den seltenen Insekten. Aber sie breitet sich in Deutschland immer weiter aus. Grund dafür ist der Klimawandel. Während die Art früher nur am Kaiserstuhl zu finden war, findet man sie heute auch in Baden-Württemberg entlang des Oberrheins sowie im Saarland, in Niedersachsen, Hessen, Rheinland-Pfalz und in Nordrhein-Westfalen. Zudem gibt es einen weiteren Verbreitungsschwerpunkt im Osten, in Berlin, Brandenburg (Lausitz, Havelland) und in Sachsen-Anhalt. In der Schweiz, im Wallis und Tessin, ist sie ebenfalls zu finden. In Österreich kommt sie vorwiegend in der Umgebung des Neusiedler Sees und sogar bis nach Wien vor. Die Gottesanbeterin besiedelt hauptsächlich wärmebegünstigte Bereiche. Zudem ist sie primär an Waldrändern, auf Lichtungen, Brachen, trockenen, warmen Wiesen und in Weinbergen zu finden.

VERHALTEN

Die Gottesanbeterin versucht sich meist auf ihre Tarnung zu verlassen und zeigt daher keinen besonderen Fluchtreflex. Wird sie dennoch aufgescheucht, ist sie sogar in der Lage zu fliegen.

JAHRESZEIT UND TAGESZEIT

Die Gottesanbeterin ist sowohl tag- als auch nachtaktiv.

Juli bis Oktober

Nach dem Schlupf im Mai dauert es bis in den Hochsommer (ab ca. Juli), bis die ersten erwachsenen Tiere zu beobachten sind. Sie befinden sich dann meist getarnt auf

Sträuchern und Stauden und suchen nach Beute. Gelegentlich werden Gottesanbeterinnen in der Nähe von Siedlungsgebieten gesichtet, z.B. an Mauern, während sie auf Beute warten. Meist sind sie dann deutlich schlechter getarnt. Die Tiere sind je nach Witterungsbedingung bis in den Oktober hinein aktiv, bevor sie sterben.

Wetter

Ihre Aktivität wird besonders durch windstille und warme Verhältnisse begünstigt.

BEOBACHTUNG UND AUSRÜSTUNG

Wer Gottesanbeterinnen sehen möchte, sollte sich im Spätsommer und Frühherbst auf die Suche begeben. Bei gutem Wetter kannst du die Tiere auf der Lauer nach Beute, beispielsweise auf Besenginster, Goldruten und Rainfarn sowie an Waldrändern oder Brachen finden. Du brauchst Geduld und ein gutes Auge, da die Tiere in ihrem Terrain perfekt getarnt sind.

1 Mit etwas Glück entdeckst du ein exponiert sitzendes Tier.

2 Oft lauert die Gottesanbeterin in hohen Stauden auf Beute.

3 Je nach Farbe und Vegetation ist sie perfekt getarnt.

MEIN TIPP

Die besten Beobachtungschancen bestehen in der Lausitz, am Kaiserstuhl oder am Neusiedler See in den favorisierten Habitaten. Am besten hältst du im Spätsommer und Herbst die Augen auf.

DIE MAULWURFSGRILLE

Viele Namen hat die Maulwurfsgrille: In Deutschland wird sie auch „Werre", in Österreich „G ´schwer" und in der Schweiz „Zwergel" genannt.

STECKBRIEF

Wiss. Name:
Gryllotalpa gryllotalpa
Größe: 3,5–5 cm
Gewicht: bis 5 g
Lebensdauer:
bis 3 Jahre
Aktivität:
überwiegend nachts
Gefährdung: gefährdet

065

Die Maulwurfsgrille kann mit ihren Schaufeln sehr gut Tunnel im Boden graben.

WISSENSWERTES

Die Maulwurfsgrille ist überwiegend nachts unterwegs. Sie kann in einer Nacht ein Tunnelsystem von bis zu 40 Metern Länge graben. Ihr Ruf erinnert an den der Kreuzkröte mit dem Unterschied, dass der Gesang der Maulwurfsgrille keine Pausen enthält.

VORKOMMEN

Die Maulwurfsgrille kommt in Deutschland, Österreich und der Schweiz vor. Sie ist jedoch mittlerweile überall selten. Ursprünglich lebte sie in Niedermooren, Flussauen und Randbereichen von Hochmooren. Sie tritt vor allem dort auf, wo es lockere und feuchte Böden gibt. Zudem ist sie wärmeliebend. In Nord- und Ostdeutschland gibt es recht selten vereinzelte Vorkommen, häufiger ist sie noch im Süden Deutschlands. In Österreich gibt es beispielsweise Vorkommen in Kärnten.

VERHALTEN

Die Maulwurfsgrille ist recht scheu und lebt sehr heimlich im Erdreich.

JAHRESZEIT UND TAGESZEIT

Die Tiere sind überwiegend dämmerungs- und nachtaktiv

April bis Juni

Am aktivsten ist die Maulwurfsgrille im April und Mai. In dieser Zeit finden Balz und Paarung statt. Während die Tiere sonst fast ausschließlich versteckt im Erdreich leben, kommen die Männchen in

MEIN TIPP

Es gibt noch Vorkommen nordöstlich von Bremen in der Teufelsmoorniederung und den umliegenden Mooren. Dort kannst du von April bis Juni die Tiere hören und mit Glück auch sehen.

dieser Zeit häufiger an die Oberfläche, um Schalltrichter für ihre nächtlichen Gesänge zu graben. Nachts sitzen die Männchen singend in den Eingängen ihrer Schalltrichter, um potenzielle Weibchen anzulocken.

WETTER

Ihre Aktivität wird durch warme und windstille Verhältnisse begünstigt.

BEOBACHTUNG UND AUSRÜSTUNG

Die besten Beobachtungschancen ergeben sich Ende Mai und Anfang April in geeigneten Gebieten. Um die Tiere aufzuspüren, solltest du nach ihrem Gesang lauschen. Je nach Witterung kannst du diesen aus bis zu 100 Metern Entfernung hören. Mit etwas Glück kannst du so die möglichen Habitate dieser Tiere ausfindig machen und sie tagsüber beim Graben ihrer Schalltrichter beobachten. Allerdings sind auch die nächtlichen Konzerte der Maulwurfsgrillen einen Ausflug wert. In Nächten mit guten Witterungsbedingungen solltest du dich dazu mit einer Taschenlampe ausgestattet auf die Suche begeben.

1 Um die Tiere so frei zu sehen, brauchst du Geduld.

2 Kaum hast du sie entdeckt, ist die Grille schon wieder im Erdreich verschwunden.

HEUSCHRECKEN LIEBEN ES WARM

Heuschrecken findest du am besten in wärmebegünstigtem Grünland, z.B. in den Alpen, im Schwarzwald und auf der Schwäbischen Alb. Manche mögen auch extremere Lebensräume, z.B. sehr nasse Gebiete, wie Feuchtwiesen und Moore oder sehr trockene und karge, wie Magerrasen oder Heiden. Meist hörst du die Schrecken, bevor du sie siehst. Sie sind recht scheu. Nähere dich langsam, wenn du sie beobachten möchtest. Ab Mitte Juni bis Ende September ist das möglich, die beste Zeit ist im Juli und August. Warmes und windstilles Wetter ist ideal.

BLAUFLÜGELIGE ÖDLANDSCHRECKE 066

Oedipoda caerulescens

Sie ist auf sehr karg bewachsenem Ödland zu finden. Die Blauflügelige Ödlandschrecke ist wärmeliebend und optimal an diesen Lebensraum angepasst. Mit ihrer perfekten Tarnfärbung ist sie vom Boden kaum zu unterscheiden. Allerdings siehst du, wenn sie springt oder auffliegt, ihre wunderschönen blauen Flügel.

SUMPFSCHRECKE

Stethophyma grossum

Die Sumpfschrecke ist eine recht große und farbenfrohe Heuschrecke. Sie ist besonders an extensive Feuchtwiesen gebunden und du findest sie nur an extensiven Feuchtwiesen. Der „Gesang" der Männchen erinnert an das Knacken eines Elektrozaunes.

WARZENBEISSER 067

Decticus verrucivorus

Das Bisssekret des Warzenbeißers wurde früher zum Entfernen von Warzen genutzt. Die große Heuschrecke stellt hohe Ansprüche an ihren Lebensraum und ist in wärmebegünstigten Hanglagen mit extensivem Grünland zu finden.

STEPPEN-SATTELSCHRECKE
Ephippiger ephippiger

Diese Heuschrecke fällt vor allem durch ihr markantes Aussehen mit dem sehr dicken unverkennbaren Halsschild auf. Die Steppen-Sattelschrecke ist sehr wärmeliebend. Du kannst sie in Deutschland nur im Südwesten an Weinbergen und an den trockenen Hängen von Mosel und Nahe finden.

FELDGRILLE 068
Gryllus campestris

Die Feldgrille ist vor allem im Süden und Osten Deutschlands zu finden. Sie lebt in 10 bis 30 cm tiefen Erdgängen, die sie sich selbst gräbt. Aus den Eingängen heraus stridulieren die Männchen, um Weibchen anzulocken.

WEINHÄHNCHEN
Oecanthus pellucens

Das Weinhähnchen ist vor allem in wärmebegünstigen Gebieten, beispielsweise in Süddeutschland zu finden, breitet sich aber im Zuge des Klimawandels weiter aus. Das Tier ist zwar nicht besonders auffällig, der Gesang ist aber sehr markant und schön.

GRÜNES HEUPFERD 069
Tettigonia viridissima

Das Grüne Heupferd ist eine der häufigsten und größten Heuschrecken Deutschlands. Es ist fast flächendeckend vertreten und fällt im Sommer vor allem durch seinen ausdauernden Gesang auf, besonders in der Dämmerung und in der Nacht.

GROSSE GOLDSCHRECKE
Chrysochraon dispar

Bei der Großen Goldschrecke sehen Männchen und Weibchen sehr unterschiedlich aus. Die Weibchen sind beige und mehr als doppelt so groß wie die Männchen. Die Männchen fallen durch ihre glänzende grüne Färbung auf.

DER LIBELLEN-SCHMETTERLINGSHAFT

Obwohl der Name etwas anderes vermuten lässt, handelt es sich bei dem Libellen-Schmetterlingshaft weder um eine Libelle noch um einen Schmetterling. Diese Art gehört zu den Netzflüglern.

STECKBRIEF

Wiss. Name: *Libelloides coccajus*
Größe: 3,5–5,5 cm
Gewicht: bis 8 g
Lebensdauer: adulte Tiere 4–5 Wochen
Aktivität: tagaktiv
Gefährdung: unzureichende Daten

WISSENSWERTES

Der Libellen-Schmetterlingshaft ist ein „Raubinsekt". Bei eleganten Schwirrflügen über seinem Lebensraum erbeutet er andere Fluginsekten. Seine Larven erinnern an die Ameisenlöwen, sie leben jedoch frei am Boden. Die Larven benötigen zwei Jahre bis zur vollständigen Entwicklung. Das adulte Tier lebt hingegen nur wenige Wochen.

VORKOMMEN

Der Libellen-Schmetterlingshaft ist selten, kommt aber in Deutschland, Österreich und der Schweiz vor. In Deutschland ist er überwiegend im Süden vertreten, wie z. B. auf der Schwäbischen Alb in Baden-Württemberg und im Raum Regensburg in Bayern. In der Schweiz kann man ihn in den wärmeren Bereichen der Alpen und des Juras, im Bereich des Genfer Sees sowie im Gebiet ausgehend vom Wallis bis zum Gemmi entdecken. Die Vorkommen in Österreich reichen von Oberösterreich bis in die Gegend bei Salzburg.

Libellen-Schmetterlingshafte kommen nur in sehr wärmebegünstigten Bereichen, wie auf sonnigen Halden, extensiven Wiesen und Trockenrasen vor. Ebenso bevorzugen sie windgeschützte Bereiche mit mildem bis heißem Klima.

VERHALTEN

Der Libellen-Schmetterlingshaft ist sehr scheu, versteckt sich oft hinter Grashalmen oder ergreift die Flucht und fliegt weg. In Ausnahmen bleibt er jedoch am Halm der Pflanze haften und fliegt auch bei Annäherung nicht weg. Ein eher ambivalentes Verhalten.

JAHRESZEIT UND TAGESZEIT

Libellen-Schmetterlingshafte sind tagaktiv.

Mai bis Juli

Die adulten Tiere sind nur wenige Wochen von Mai bis Anfang Juli aktiv. In dieser Zeit sind sie sowohl auf der Jagd nach Beute als auch auf

1 Mit Glück und Vorsicht kannst du ihn in voller Pracht sehen.

2 Bei Wind klammern sich die Tiere an Pflanzen fest.

der Suche nach potenziellen Partnern. Die Paarung erfolgt in der Regel am späten Vormittag nach der vorangegangenen Aufwärmphase am Morgen. Dabei gibt es ein kurzes Luftgefecht zwischen Männchen und Weibchen, bei dem das Männchen mit langen Zangen die Hinterleibspitze des Weibchens greift. Danach setzen sie sich in der Vegetation ab und es kommt zur Paarung.

WETTER

Diese Art ist nur bei schönem, sonnigem und nicht bedecktem Wetter unterwegs. Windstille wird ebenfalls bevorzugt. Bei kühlem, bedecktem Wetter oder in einer Schlechtwetterperiode verharren sie regungslos an Grashalmen.

BEOBACHTUNG UND AUSRÜSTUNG

Den Libellen-Schmetterlingshaft zu sehen ist nicht einfach. Dies liegt daran, dass er grundsätzlich selten ist und zusätzlich täglich nur sehr kurz bei gutem Wetter aktiv ist. Gute Beobachtungschancen bestehen auf Hängen mit Trockenrasen oder artenreichen Wiesen bei warmem und sonnigem Wetter. Bei bedecktem Wetter kannst du auch an Grashalmen nach den Tieren Ausschau halten.

MEIN TIPP

Gute Beobachtungschancen hast du beispielsweise Ende Mai und Anfang Juni. An einem warmen und sonnigen Tag lohnt sich ein Ausflug auf die Schwäbische Alb in Baden-Württemberg.

DER NASHORNKÄFER

Der Nashornkäfer verdankt seinen Namen dem ausgeprägten Horn. Das tragen allerdings nur die Männchen.

STECKBRIEF

Wiss. Name: *Oryctes nasicornis*
Größe: 2–4 cm
Gewicht: 20–40 g
Lebensdauer: adulte Tiere 3–6 Wochen
Aktivität: dämmerungs- und nachtaktiv
Gefährdung: ungefährdet

WISSENSWERTES

Der Nashornkäfer gehört zu den Blatthornkäfern und ist damit eng mit dem Mai- und Junikäfer verwandt. Das Horn wird bei Revierkämpfen gegen rivalisierende Männchen verwendet. Interessant ist, dass es auch hornlose Männchen gibt, die sich als Weibchen tarnen.

VORKOMMEN

Der Nashornkäfer war früher in alten Laubwäldern zu Hause, in denen seine Larven im Mulm von alten Bäumen herangewachsen sind. Mit der Zeit stellte sich der Käfer auf neue Habitate um. Daher ist er heute in Holzschnipseln, Sägemehl, Rindenmulch und Komposthaufen zu finden. Dadurch ist er tendenziell etwas häufiger geworden. In Deutschland, Österreich und der Schweiz hält er sich somit in der Nähe des Menschen auf, wie z. B. in Sägewerken, Gärtnereien, Kompostanlagen und Gärten.

VERHALTEN

Nashornkäfer sind nicht scheu.

JAHRESZEIT UND TAGESZEIT

Die Tiere sind dämmerungs- und nachtaktiv, können aber gelegentlich auch am Tag beobachtet werden.

MEIN TIPP

In der nächstgelegenen Gärtnerei oder im Sägewerk kannst du fragen, ob dort bereits Käfer oder große Larven im Kompost oder Abraumhaufen gesehen wurden. Oft fallen sie in solchen Betrieben durch Zufall auf. Dort kannst du in der Dämmerung auf die Käfer warten.

1

Mai bis August

Die Hauptaktivität und Flugzeit der Käfer erstreckt sich von Mai bis August. Dann sind sie bei gutem Wetter an und um ihren „Brutplatz" (Kompost etc.) zu finden. Sichtungen vor oder nach der Hauptaktivitätszeit sind auch möglich. Bei den Männchen kann es zu Kämpfen kommen, bei denen sie ihre auffälligen Hörner einsetzen.

WETTER

Warmes und windstilles Wetter begünstigt die Aktivität.

BEOBACHTUNG UND AUSRÜSTUNG

Die besten Beobachtungschancen ergeben sich Ende Mai bis Anfang Juni in Bereichen mit viel Rindenmulch oder an Sägemehlhaufen. Wichtig ist jedoch, dass diese Haufen kaum bis gar nicht bewegt wurden und teils über Jahre bestehen, sodass in ihnen auch eine Larvenbildung möglich ist. Auch in Komposthaufen können sich die Larven befinden.

2

1 Nicht nur sein Horn macht ihn bei uns zu den beeindruckendsten Käfern.

2 Die Larven ähneln denen von Maikäfern, sind aber deutlich größer.

DER HIRSCHKÄFER

Einer unserer größten Käfer trägt seinen Namen zu Recht: Die Männchen haben beeindruckende Geweihe, mit denen sie auch kämpfen.

STECKBRIEF

Wiss. Name:
Lucanus cervus
Größe: 3–8 cm
Gewicht: 20–60 g
Lebensdauer:
adult wenige Wochen
Aktivität: dämmerungs- und nachtaktiv
Gefährdung:
stark gefährdet

WISSENSWERTES

Während die adulten Tiere nur ca. 8 Wochen im Käferstadium überleben, überdauern sie zuvor ca. 5 bis 8 Jahre im Larvenstadium. Gelegentlich werden die Hirschkäfer mit dem verwandten Balkenschröter verwechselt. Diese Verwechslung findet nur bei den Weibchen statt. Am besten können die beiden Arten an ihren Flügeldecken unterschieden werden. Während die Flügeldecken der Hirschkäfer braun und glänzend sind, sind die der Balkenschröter matt, schwarz und punktiert. Große Wildschweinbestände können zur Gefahr für die Tiere werden. Wildschweine suchen mitunter am Stammfuß passender Bäume systematisch nach den Larven.

VORKOMMEN

In Deutschland kommt der Hirschkäfer in allen Bundesländern vor, ausgenommen von Schleswig-Holstein. Allerdings ist er grundsätzlich recht selten. Sein Hauptverbreitungsgebiet liegt in Hessen, besonders im Südwesten des Bundeslandes, sowie in Rheinland-Pfalz, im Saarland und im Nordwesten Baden-Württembergs. Es gibt aber auch Vorkommen in Nordrhein-Westfalen, Niedersachsen, im Nordwesten Bayerns und Teilen Ostdeutschlands. In Österreich ist er in allen Bundesländern anzutreffen, aber auch dort selten. Die Schweizer Vorkommen liegen besonders in den wärmebegünstigten Gebieten: im Tessin, den Büdener Südtälern, im Wallis, in Basel und in den Föhngebieten der Deutschschweiz. Sie sind hauptsächlich in lichten, alten Eichenwäldern, Waldrändern, Lichtungen, Gärten, Parks, sowie im Offenland, Feldgehölzen, Baumgruppen und in Einzelbäumen zu finden. Bevorzugt werden besonnte alte Eichen, seltener andere Baumarten wie Linden oder Buchen besiedelt. Ideal sind große, lichte Eichenwälder, südexponiert und

1

1 Das Männchen, das hier oben sitzt, ist deutlich größer als das Weibchen darunter, nicht nur aufgrund des Geweihs.

2 Das Leben der Hirschkäfer als Larve ist deutlich länger als das als Käfer.

3 Hirschkäfer interessieren sich nicht für Menschen und zeigen daher auch keine Scheu.

2

3

wärmebegünstigt. Hirschkäfer bevorzugen alte Eichen (80 bis 250 Jahre) mit Stammdurchmessern von mehr als 40 cm. Die Larven werden dann im Wurzelbereich abgestorbener Eichen abgelegt.

1

VERHALTEN

Hirschkäfer sind nicht besonders scheu. Meist wirkt es so, als würden sie den Menschen kaum wahrnehmen. Es kann vorkommen, dass Beobachtende versehentlich von einem Hirschkäfer angeflogen werden.

JAHRESZEIT UND TAGESZEIT

Hirschkäfer sind in der Abenddämmerung unterwegs. Die Hauptaktivität liegt zwischen 21:30 und 22:30 Uhr. Am Tag sind sie eher selten aktiv. Da sitzen sie meist regungslos am Stammfuß oder in der Baumkrone.

Mai bis Juli

Die Hirschkäferzeit beginnt je nach Witterung im Mai und endet im Juli. Die Hauptflugzeit beginnt erst richtig, wenn die der Maikäfer endet. Durch den Klimawandel gibt es mittlerweile eine zeitliche Verschiebung. Sobald die Tiere aus dem Boden schlüpfen, beginnen die Männchen mit der Suche nach Partnerinnen. Männchen schlüpfen in der Regel bis zu sieben Tage vor den Weibchen und sind ab Mitte Mai bereits aktiv. Der Schlupf der Weibchen erfolgt meist Anfang Juni. Man sieht die Tiere dann umherschwirren. Der Mittelpunkt ihrer Aktivität bleibt aber in und um den Brutbereich im Stammfuß der Bäume, wo die Käfer geschlüpft sind. Weibchen locken die Männchen mit Duftstoffen zu sich. Die Männchen versuchen in ihren beeindruckenden Kämpfen den Gegner vom Baum zu werfen. Die ausgewachsenen Tiere ernähren sich in ihrer kurzen Lebenszeit ausschließlich von flüssigen Baumsäften. An den Saftstellen der Bruteichen oder Bäumen in der Umgebung kannst du häufig mehrere Käfer finden. Ab Mitte Juni nimmt die Flugaktivität ab, dann kannst du gelegentlich

MEIN TIPP

Im Bentheimer Wald in der Grafschaft Bentheim in Niedersachsen gibt es große Hirschkäfer-Vorkommen. Hast du keine Vorkommen in deiner Nähe, kannst du dort von Ende Mai bis Juni vorbeischauen.

2

3

4

Weibchen am Tag in der Nähe der Brutbäume laufen sehen.

WETTER

Hirschkäfer sind besonders bei warmen und windstillen Verhältnissen aktiv. Gewitterstimmung kann ihrer Aktivität einen Schub verleihen. Bei niedrigen Temperaturen und Starkregen werden die Aktivitäten eingestellt. Die Käfer können dann oft tagelang weitgehend regungslos ausharren.

BEOBACHTUNG UND AUSRÜSTUNG

Wer die Hirschkäfer in voller Pracht und in Aktion erleben möchte, sollte sich Ende Mai an einem warmen windstillen Abend in einem Hirschkäfergebiet auf die Suche machen. Wenn du einen Bereich gefunden hast, der potenziell für Hirschkäfer geeignet ist, kannst du auch am Stammfuß nach Überresten der Tiere suchen, die auf ihre Anwesenheit schließen lassen. Die Vorkommen der Tiere sind häufig unzureichend bekannt. Solltest du welche gefunden haben, ist es wichtig, das den Naturschutzbehörden mitzuteilen. Falls dieses Vorkommen noch nicht bekannt ist, kann es helfen, die seltenen Käfer und ihre Lebensräume zu schützen. Besondere Ausrüstung ist nicht nötig. Eine Taschenlampe kann hilfreich sein, weil sich das Spektakel der Hirschkäfer bis in die Dunkelheit ziehen kann. Für Fotos ist ein lichtstarkes Makro- oder Weitwinkelobjektiv nützlich.

1 Hirschkäfer findest du am Stamm ihrer Brutbäume.

2 Im Flug erinnern die Käfer an kleine Hubschrauber.

3 Trotz ihrer Größe sind sie am Stammfuß gut getarnt.

4 Wenn ein Männchen sich gegen seine Rivalen durchsetzt, kann es sich mit einem Weibchen paaren.

AUF HIRSCHKÄFER-PIRSCH

An einem recht unspektakulären Ort wurden wir Zeuge eines Kampfes der besonderen Art.

Während meiner Zeit als Student arbeitete ich, wie auch ein guter Freund von mir, freiberuflich als sogenannter „Kartierer" für Gutachterbüros. Kartierungen sind Bestandsaufnahmen der Pflanzen- und Tierarten in ausgewiesenen Gebieten. Dadurch erhält man einen Überblick über die im Gebiet vorhandene Flora und Fauna und kann somit Empfehlungen für oder gegen die geplante Baumaßnahme abgeben.

Während einer Vogelkartierung Ende Mai entdeckte mein Studienkollege in seinem Untersuchungsgebiet die Reste eines Hirschkäfermännchens unter ein paar alten Eichen am Wegesrand. Ihm war sofort klar, dass es sich dort um einen Standort mit Hirschkäfervorkommen handeln musste. Er berichtete mir bei einem gemeinsamen Essen in der Mensa sofort von seinem Fund. Wir schmiedeten den Plan, das Gebiet an einem warmen Tag zum Sonnenuntergang aufzusuchen. Zwei unserer Kommilitonen schlossen sich uns an. Es handelte sich um keinen spektakulären Standort, sondern um einen gewöhnlichen landwirtschaftlich genutzten Bereich in der Nähe eines Feldweges, an dessen Rand fünf alte Eichen standen. Ein paar Hundert Meter entfernt gab es ein kleines Feldgehölz mit trockenem und sandigem Boden. Für Hirschkäfer war der Standort daher perfekt. Die Eichen waren bereits einige Jahrzehnte alt und gut besonnt.

Wir lehnten uns ans Auto, quatschten und vergaßen die Zeit, bis wir plötzlich von einem lauten Brummen unterbrochen wurden. Es ging los. Die Hirschkäfer flogen umher. Das besagte Brummen stammte von einem großen Hirschkäfer-Männchen, das direkt an uns vorbeiflog und sich auf die erste Eiche am Wegesrand setzte. Dort lief es langsam den Stamm nach oben. Als wir uns das schöne Tier genauer ansahen, konnten wir noch weitere Käfer am Fuß des Stammes und weiter oben im Baum entdecken. An einer Saftstelle saßen sogar mehrere Hirschkäfer. Wir genossen das Getümmel der Tiere und konnten mit fortschreitendem Sonnenuntergang auch Fledermäuse sehen, die Jagd auf die Hirschkäfer machten. An der hintersten Eiche waren wir Zeugen eines Kampfes zweier Hirschkäfermännchen um ein Weibchen in vier Metern Höhe. Am Ende des Kampfes wurde das schwächere Männchen von dem anderen vom Baum gestoßen. Als es langsam dunkel wurde, verließen wir den Platz und fuhren nach Hause. Es war ein wirklich tolles Erlebnis! Mein Studienkollege meldete den Standort natürlich auch seinem Auftraggeber, sodass die Behörden ebenfalls von diesem besonderen Ort erfuhren und sein Schutz sichergestellt werden konnte.

1

2

3

1 Die Hirschkäfer-Männchen boten uns spektakuläre Kämpfe.

2 Am Ende gab es einen Sieger.

3 Es war ein tolles Erlebnis in der Abenddämmerung.

DER EICHENBOCK

Der Eichenbock gehört bei uns zu den größten Käfern. Inklusive der Fühler erreichen Männchen eine Länge von bis zu zwanzig Zentimetern.

STECKBRIEF

Wiss. Name: *Cerambyx cerdo*
Größe: 2,5–5,5 cm
Gewicht: bis 10 g
Lebensdauer: adult wenige Wochen
Aktivität: dämmerungs- und nachtaktiv
Gefährdung: vom Aussterben bedroht

WISSENSWERTES

Der Große Eichenbock wird auch Heldbock genannt. Er gilt als Urwaldreliktart und wurde früher als Forstschädling systematisch verfolgt. Deswegen ist er heute so selten.

VORKOMMEN

Der Eichenbock ist nach der Verfolgung in Deutschland sehr selten geworden. Die größten noch verbliebenen Vorkommen gibt es am Oberrhein und an der Mittelelbe. Solche Vorkommen liegen in Deutschland im Raum Karlsruhe in Baden-Württemberg oder im Bamberger Hain in Bayern, außerdem in Brandenburg im Baruther Urstromtal und der Schorfheide. Einige wenige Vorkommen gibt es in Sachsen im Uldetal (Düben-Dahlener Heide), im Riesa-Torgauer Elbtal und in der Röderniederung nördlich Zabeltitz (Elsterwerda-Herzberger Elsterniederung). In Hessen kommen die Käfer im Fechenheimer Forst vor. In verschiedenen FFH-Gebieten in Rheinland-Pfalz gibt es auch noch welche, z. B. im Ourtal, im Seeriger Bachtal und im Bienwald. In Österreich kommen sie nur noch sporadisch vor. Dort leben sie fast nur in den Eichenwäldern Ostösterreichs. Ein großes Vorkommen liegt im Lainzer Tiergarten. Die letzten Vorkommen in der Schweiz befinden sich im Kanton Genf. Der Eichenbock bevorzugt alte, besonnte Eichenwälder mit absterbenden Eichen, vor allem Stiel- und Traubeneichen, wenn sie noch nicht ganz abgestorben sind.

VERHALTEN

Wenn du den Tieren nicht zu nahe kommst, reagieren sie nicht scheu.

JAHRESZEIT UND TAGESZEIT

Die Tiere sind dämmerungs- und nachtaktiv. Die Aktivitätszeit liegt etwa bei 20 bis 22 Uhr. Am Tag sind sie selten aktiv.

Juni bis Juli

Ab Juni beginnt die Flugzeit der erwachsenen Tiere. Obwohl die Tiere gut flugfähig sind, halten sie sich überwiegend am und in nächster Nähe des Brutbaums auf. Sie sind

1 Die Fühler des Eichenbocks sind länger als sein ganzer Körper.

2 Wenn du ihn entdecken willst, musst du sehr genau hinschauen. Hier sitzt er gut versteckt unter der Borke.

2

1

dann oft an den Stämmen zu finden. In Ausnahmefällen kann die Flugdistanz aber auch vier Kilometer betragen. Die Tiere ernähren sich in diesen ein bis zwei Monaten nur von flüssiger Nahrung in Form von Baumsäften. An Stellen mit austretenden Baumsäften kannst du sie daher gut beobachten. Große Eichenböcke können stimulierende Geräusche von sich geben, bei denen sie zwei der drei vorderen Brustsegmente aneinander reiben. Tagsüber leben die Käfer versteckt unter losen Rindentaschen.

WETTER

In warmen Sommernächten bei einer Temperatur von18 Grad werden die Tiere aktiv und fliegen vermehrt umher. Regenfreie und windstille Verhältnisse begünstigen ihre Aktivität.

BEOBACHTUNG UND AUSRÜSTUNG

Da Eichenböcke recht selten sind, sind Beobachtungen nicht einfach. In den oben genannten Gebieten sind die Chancen zur richtigen Zeit und zu passenden Wetterbedingungen jedoch erhöht. Wenn du Eichenböcke suchst, nimmst du am besten eine Taschenlampe oder Kopflampe mit, um bei Dunkelheit die Stämme ableuchten zu können. Mit Fernglas und Lampe entdeckst du auch höher am Stamm sitzende Tiere.

MEIN TIPP

Eichenbocklarven bohren unverwechselbare daumengroße Löcher in ihre Brutbäume. Am Stamm und Stammfuß findest du daher viel Bohrmehl. Halte an eben solchen Baumstämmen an Wegesrändern nach den Tieren Ausschau.

DER ALPENBOCK

Der Alpenbock ist einer der am schönsten gefärbten Käfer unserer Heimat. Sie haben sehr lange Fühler, die beim Männchen ausgeprägter sind als beim Weibchen.

STECKBRIEF

Wiss. Name:
Rosalia alpina
Größe: 1,5–3,8 cm
Gewicht: 10–20 g
Lebensdauer: adulte Tiere 3–6 Wochen
Aktivität: tagaktiv
Gefährdung: gefährdet

WISSENSWERTES

Die schöne hellblaue Farbe erlangt der Alpenbock nur durch feine Härchen, die seinen Körper überdecken. Ohne diese Haare wären diese Körperteile alle samtschwarz.

VORKOMMEN

In Deutschland kommt der Alpenbock nur in den alpinen Stufen der Alpen vom Allgäu bis nach Berchtesgaden vor. Ein Verbreitungsschwerpunkt in den deutschen Alpen ist der Raum um den Kochelsee, den Walchensee, den Jachenau und den Sylvenstein. Außerdem lebt er auf der Schwäbischen Alb im südlichen Baden-Württemberg. In Österreich ist er in allen Bundesländern verbreitet, ausgenommen vom Burgenland. Der Verbreitungsschwerpunkt in Österreich liegt in den Kalkalpen und dem Wienerwald. Er ist in der Schweiz in geeigneten Gebieten in der Mittel-, Nordwest- und Südschweiz vertreten. Alpenböcke besiedeln vorwiegend wärmebegünstigte Buchen- und Bergmischwälder, insbesondere in Kalkgebieten. Sie bevorzugen besonnte, offene Wälder mit Buche und Bergahorn. Ebenso wichtig für diese Käferart ist bestehendes Totholz.

VERHALTEN

Wenn man den Tieren nicht zu nahe kommt, sind sie nicht sonderlich scheu.

JAHRESZEIT UND TAGESZEIT

Die Tiere sind tagaktiv und meist bei gutem Wetter unterwegs.

Juli bis August

In den höheren Lagen werden Tiere erst ab Anfang Juli aktiv, die Männchen in der Regel einige Tage vor den Weibchen. Bei gutem Wetter werden sie flugfreudig. Frisch geschlagenes oder gelagertes Holz von Buchen sowie die besonnten unteren Stammteile der Brutbäume

Oft findet man die Tiere auf Holzstapeln frisch gefällter Bäume.

MEIN TIPP

Ein guter Beobachtungspunkt befindet sich in der Gegend um die Kirche St. Bartholomä im Nationalpark Berchtesgaden. Auf besonnten Totholzstämmen der dortigen Buchen kann man die Käfer häufig finden.

ziehen die Tiere an. Das sind in der Regel Buche, Bergahorn und selten Bergulme. Oft suchen sich die männlichen Alpenböcke dann eine Warte, von der aus sie gut getarnt auf Weibchen warten. Wenn sich Konkurrenten nähern, werden diese nach Möglichkeit in die Flucht geschlagen. Oft kannst du die Männchen auch an aufeinanderfolgenden Tagen immer wieder an denselben Stellen finden.

WETTER

Der Alpenbock ist hauptsächlich bei warmen und windstillen Verhältnissen unterwegs. Bei schlechtem Wetter und gegen Abend ziehen sich die Tiere in die Baumkronen und Höhlen von Bäumen zurück.

BEOBACHTUNG UND AUSRÜSTUNG

Um den Alpenbock beobachten zu können, empfiehlt es sich, im Juli bei guten Wetterverhältnissen nach ihnen auf die Suche zu gehen. Besonnte, stehende Totholzstämme von Buchen oder frisch geschlagene Stämme oder Holzstapel in Wirtschaftswäldern stellen Hotspots für diese Tiere dar.

DER ROTE APOLLOFALTER

Sein lateinischer Name leitet sich vom Berg „Parnass“ in Griechenland und dem Gott „Apollo“ ab.

STECKBRIEF

Wiss. Name: *Parnassius apollo*
Spannweite: 6–8 cm
Gewicht: bis 1,5–8 g
Lebensdauer: adulte Tiere 4–5 Wochen
Aktivität: tagaktiv
Gefährdung: stark gefährdet

WISSENSWERTES

Der Rote Apollofalter gehört zu den größten und schönsten in ganz Deutschland. Seine auffällig roten Flecken (Oszellen) auf den Flügeln sind nicht nur schön anzusehen, sie dienen Fressfeinden auch als Warnung, da der Falter giftig ist. Ebenso verhält es sich mit den gelb-, schwarz- und rotgepunkteten Raupen der Falter.

VORKOMMEN

Der seltene Falter kommt in Deutschland nur im Süden vor. Die einzigen Vorkommen liegen an der Mosel in Rheinland-Pfalz als Unterart, auf der Schwäbischen Alb in Baden-Württemberg, auf der Fränkischen Alb in Bayern und in den Alpen. In der Schweiz gibt es sie in den Alpen, insbesondere im Süden und Westen, sowie im Jura. In Österreich kommen sie vorwiegend in den Alpen in geeigneten Lebensräumen vor. Der präferierte Lebensraum des Apollofalters sind Kalkschuttfluren und Geröllhalden in den Alpen und in den Mittelgebirgen. Er kommt in sonnenexponierten, heißen und felsigen Standorten, wie z. B. Fels- und Steinschuttfluren, Felsbändern und Felsterrassen, sowie auf mit Felsen durchsetzten Magerrasen- und Trockenrasenterrassen vor. Der Falter kann aber auch an ähnlichen Standorten, die vom Menschen geschaffen wurden, auftreten. Beispiele hierfür sind z. B. Trockenmauern, Steinschüttungen von Bahnen und Straßen oder Abbruchkanten. Das Vorkommen von Weißem Mauerpfeffer und Großer Fetthenne ist zur Ernährung der Raupen notwendig. Adulte Apollofalter benötigen geeignete Nektarpflanzen, wie z. B. Skabiosen, Disteln, Flockenblumen und Ackerwitwenblumen.

VERHALTEN

Der Apollofalter ist, wie alle Tagfalter, etwas scheu. Im besten Fall nähert man sich ihm also nur vorsichtig und langsam. In den kalten Morgenstunden kann er noch träge sein.

JAHRESZEIT UND TAGESZEIT

Der Apollofalter ist tagaktiv.

1

1 Skabiosen sind bei ausgewachsenen Faltern eine häufig angeflogene Futterpflanze.

2 Seine Größe und sein Muster machen ihn unverwechselbar.

2

MEIN TIPP

Wenn du im Juni auf der Schwäbischen oder Fränkischen Alb unterwegs bist, hast du gute Chancen, diesen einzigartigen Tagfalter in seinen Lebensräumen beobachten zu können.

März bis August

Je nach Witterung schlüpfen die Raupen ab März aus den Eiern. Bei guter Witterung auch schon etwas früher. Sie fressen in der Regel nur Triebspitzen des Weißen Mauerpfeffers. Zudem sonnen sie sich auch gerne auf Steinen in der Umgebung der Futterpflanzen. Die voll entwickelten Falter sind ab Ende Mai zu sehen. Dann sind sie hauptsächlich auf den genannten Futterpflanzen bei der Nektarsuche zu finden. Häufig entdeckt man sie aber auch mit ausgebreiteten Flügeln auf Steinen beim Sonnenbaden.

WETTER

Die Falter sind nur bei warmem und sonnigem Wetter aktiv. Auch Windstille begünstig ihre Aktivität.

BEOBACHTUNG UND AUSRÜSTUNG

Im Juni sind sie in passenden Habitaten und bei guten Witterungsbedingungen leicht zu entdecken. Wichtig ist, dass du in den richtigen Lebensräumen nach ihnen Ausschau hältst. Hier spielt vor allem das Vorkommen der bevorzugten Futterpflanze, wie dem Weißen Mauerpfeffer, eine große Rolle.

DER SEGELFALTER

Er gehört zu den schönsten und größten Schmetterlingen. Durch seine Färbung und Zeichnung unterscheidet er sich vom sehr ähnlichen Schwalbenschwanz.

STECKBRIEF

Wiss. Name:
Iphiclides podalirius
Spannweite: 6–8 cm
Gewicht: bis 5–7 g
Lebensdauer: adulte Tiere ca. 16 Tage
Aktivität: tagaktiv
Gefährdung: gefährdet

WISSENSWERTES

Der Segelfalter gehört zu den Faltern, die jährlich in zwei Generationen auftauchen. Eine Generation im Frühjahr und eine weitere im Spätsommer. Das Vorkommen von zwei Generationen dieser Art ist jedoch nur in sehr wärmebegünstigten Gegenden Deutschlands der Fall. Ansonsten bildet sich nur eine Generation aus. Das Aussehen der Tiere aus der ersten und zweiten Generation unterscheidet sich bei Segelfaltern nur geringfügig. Bei anderen Arten ist der Unterschied stärker ausgeprägt.

VORKOMMEN

Der Segelfalter ist eine sehr wärmeliebende Art und kommt aus diesem Grund eher in der südlichen Hälfte Deutschlands vor. Dort beispielsweise an den wärmebegünstigten Flusstälern von Rhein, Main, Mosel und Donau. Die Hauptverbreitung liegt in Deutschland in den Bundesländern Rheinland-Pfalz, Sachsen und Brandenburg. Häufig ist der Segelfalter an felsigen und heißen Hängen von Flüssen zu finden. In Brandenburg sieht man ihn manchmal in den trockenen und warmen Bergbaufolgelandschaften. Er ist in der Schweiz vielerorts ausgestorben. Heutzutage sieht man ihn noch am Südfuß des Jura-Gebirges, am Genfer See, im Tessin und den trockenen und wärmeren Tälern der Alpen. In Österreich ist er in den Bundesländern Wien, Niederösterreich, Burgenland, Steiermark, Kärnten, Oberösterreich, Vorarlberg und Tirol zu entdecken. Er ist allerdings auch hier vielerorts seltener geworden. Der Segelfalter bevorzugt trockene Magerrasen mit Gebüschen und Felsen, aber auch Weinberge. Wichtig ist, dass die bevorzugten Futterpflanzen der Raupen, wie z. B. Schlehdorn, Felsenkirsche und Traubenkirsche in ausreichendem Maße vorkommen.

VERHALTEN

Sehr scheu, Annäherungen sind nur langsam und vorsichtig möglich.

JAHRESZEIT UND TAGESZEIT

Sobald es wärmer wird, fliegen die tagaktiven Falter umher, v. a. am späteren Vormittag.

1

2

1 Auch der Segelfalter geht gerne an Skabiosen.

2 Mit ausgebreiteten Flügeln ist seine ganze Pracht sichtbar.

Mai bis August
Je nach Standort kommen ein oder zwei Generationen der adulten Tiere in bestimmten Gegenden vor. In Regionen mit nur einer Generation ist es möglich, die Tiere von Mai bis Juli anzutreffen. In Gebieten mit einer zweiten Generation können sie erneut im Spätsommer von Juli bis August beobachtet werden. Interessant ist die Balz der Tiere. Männchen warten auf erhöhten Warten, wie z. B. Gebüschen, auf Weibchen. Der Segelfalter führt dann eine sogenannte Gipfelbalz (Hilltopping) durch. Für seine Balzflüge nutzt er Felsen- und Bergkuppen, von denen er sich im Flug „hinunterstürzt" und dem Weibchen somit ein spektakuläres Manöver bietet. Er ist während der Nektarsuche auf Schlehen, Liguster, Pflaume und Wiesensalbei zu entdecken.

WETTER

Der Segelfalter ist wärmeliebend und benötigt hohe Temperaturen und windstille Verhältnisse.

BEOBACHTUNG UND AUSRÜSTUNG

Im Spätfrühling und Frühsommer ist der Segelfalter gut an buschreichen Magerrasen und an Hängen wärmebegünstigter Flusstäler zu beobachten. Ebenso sitzt er gerne auf den Spitzen von Gebüschen der Futterpflanzen. Ein Fernglas und eine Kamera mit einer hohen Brennweite sind empfehlenswert.

MEIN TIPP

An warmen Tagen lassen sich die Falter oft an kleinen Pfützen oder Wasserstellen beim Trinken beobachten.

WUNDERSCHÖNE SCHMETTERLINGE

Viele Falter sind ans Offenland gebunden, es gibt aber auch einige Waldarten. Die Artenvielfalt ist im Süden und in den wärmebegünstigten Regionen höher, z. B. in den Weinbergen an Mosel und Nahe, am Kaiserstuhl, auf der Schwäbischen Alb und im Alpenraum. Tagfalter können sehr scheu sein. Nähere dich ihnen langsam und vorsichtig an. In den frühen Morgenstunden können Schmetterlinge noch etwas träge sein. Frühling und Sommer sind die aktiven Zeiten der Falter, einige Arten sind sogar noch bis in den Herbst aktiv. Einer der besten Monate zum Beobachten ist der Juni.

TRAUERMANTEL
Nymphalis antiopa

Der Trauermantel ist sicherlich einer der schönsten und größten Tagfalter bei uns. Er lebt in offenen und lichten Laubwäldern, aber auch in Alleen. Er kann mit Glück fast das ganze Jahr beobachtet werden, Ausnahme ist der Winter.

NAGELFLECK
Aglia tau

Der Nagelfleck ist ein Nachtfalter, der in Wäldern vorkommt, bevorzugt in feuchten bis trockenen Eichen-Hainbuchenwäldern. Seine Flugzeit beträgt ca. drei Wochen und erstreckt sich von April bis in den Mai. Obwohl er ein Nachtfalter ist, kann man den Nagelfleck gelegentlich auch am Tag sehen.

GROSSER SCHILLERFALTER
Apatura iris

Der Schillerfalter ist ebenfalls ein sehr farbenfroher Tagfalter. Je nach Betrachtungswinkel leuchten seine Oberdecken schillernd blau. Er lebt in lichten Auwäldern und Laubmischwäldern und benötigt vor allem Weiden. Er kann bei uns von Juni bis August beobachtet werden.

ZITRONENFALTER
Gonepteryx rhamni

Der Zitronenfalter kann sowohl in Wäldern als auch in gebüschreichen Gebieten angetroffen werden. Wichtig ist das Vorkommen seiner wichtigen Futterpflanze, dem Faulbaum. Sie überwintern als erwachsenes Tier und können, je nach Witterung, das ganze Jahr beobachtet werden.

AURORAFALTER
Anthocharis cardamines

Ein kleiner, aber sehr schöner Tagfalter. Besonders schön sind die Männchen mit ihren orangenen Flügelspitzen. Der Aurorafalter ist besonders auf Wiesen zu finden, auf denen Wiesenschaumkraut wächst, auf welches er spezialisiert ist. Dort kann er ab April bis in den Sommer beobachtet werden.

KAISERMANTEL
Argynnis paphia

Er ist eine typische Art der Waldränder und Waldwege. Dort kann er ab Juni bis in den August auf verschiedenen Futterpflanzen bei der Nahrungssuche beobachtet werden. Er ähnelt dem Perlmuttfalter und kann gelegentlich mit ihm verwechselt werden.

TAUBENSCHWÄNZCHEN
Macroglossum stellatarum

Die eigentlich im Mittelmeerraum beheimatete Art erinnert vom Aussehen und Verhalten stark an einen Kolibri. Der Wanderfalter profitiert vom Klimawandel und kann häufig auch in Deutschland beobachtet werden. Eine gute Zeit ist der Hochsommer.

SCHACHBRETTFALTER
Melanargia galathea

Er hat seinen Namen von seinem schachbrettartigen Muster und den Farben auf seinen Flügeldecken. Er bevorzugt Flächen mit Grasbewuchs, die nicht zu feucht sind. Dies können Wiesen, Waldlichtungen, Böschungen oder Kalkmagerrasen sein.

SERVICE

DIE APP „KOSMOS-PLUS“

Mit dieser APP kannst du die Tierstimmen zu den vorgestellten Arten hören.

Und so geht's:
1. Besuch den App Store oder Google Play.
2. Lade die kostenlose App „KOSMOS Plus“ auf dein Mobilgerät.
3. Öffne die App, schalte die Inhalte mit dem Code **Moorfrosch** frei und lade dir die Inhalte für das Buch „Tiere beobachten“ herunter.
4. Auf den Buchseiten mit dem Symbol 001 kannst du die Stimmen der jeweiligen Tierart hören. Dazu gibst du einfach den dort genannten Zahlen-Code, z. B. 001, in die App ein.

Mehr Informationen findest du unter **plus.kosmos.de**

App-Codes der Tierstimmen

in der Reihenfolge der Arten im Buch

App-Code	Art	Seite
001	Reh	26
002	Rothirsch	30
003	Elch	36
004	Wildschwein	38
005	Gams	42
006	Steinbock	44
007	Luchs	46
008	Wildkatze	48
009	Wolf	50
010	Rotfuchs	56
011	Dachs	58
012	Fischotter	62
013	Kegelrobbe	64
014	Seehund	66
015	Biber	74
016	Murmeltier	76
017	Rebhuhn	78
018	Auerhuhn	80
019	Birkhuhn	82
020	Basstölpel	84
021	Rohrdommel	86
022	Löffelente	88
023	Spießente	88
024	Eiderente	89

App-Code	Art	Seite
025	Schellente	89
026	Tundrasaatgans	90
027	Kurzschnabelgans	90
028	Blässgans	91
029	Zwerggans	91
030	Weißwangengans	91
031	Ringelgans	91
032	Rothalsgans	91
033	Bartgeier	92
034	Steinadler	94
035	Seeadler	96
036	Wiesenweihe	98
037	Großtrappe	104
038	Kranich	106
039	Kiebitz	108
040	Brachvogel	108
041	Kampfläufer	108
042	Stelzenläufer	109
043	Säbelschnäbler	109
044	Flussregenpfeifer	109
045	Uferschnepfe	109
046	Alpenstrandläufer	109
047	Mornellregenpfeifer	109
048	Waldohreule	110

App-Code	Art	Seite
049	Uhu	112
050	Steinkauz	114
051	Bienenfresser	116
052	Eisvogel	118
053	Wiedehopf	120
054	Pirol	122
055	Raubwürger	124
056	Bartmeise	126
057	Mauerläufer	130
058	Seidenschwanz	132
059	Wasseramsel	134
060	Blaukehlchen	136
061	Gelbbauchunke	148
062	Geburtshelferkröte	150
063	Laubfrosch	152
064	Moorfrosch	154
065	Maulwurfsgrille	174
066	Blauflügelige Ödlandschrecke	176
067	Warzenbeißer	176
068	Feldgrille	177
069	Grünes Heupferd	177

App-Code der Tierstimmen

in alphabetischer Reihenfolge der Arten

NÜTZLICHE ADRESSEN

ORGANISATIONEN

- NABU (Naturschutzbund Deutschland) e. V.
  Bundesgeschäftsstelle
  Charitéstraße 3,
  D-10117 Berlin
  nabu.de
- AG Feldhamsterschutz Niedersachsen e. V.
  August-Söding-Straße 8,
  D-31177 Harsum
  ag-feldhamsterschutz-niedersachsen.de
- LBV – Landesbund für Vogel- und Naturschutz in Bayern e. V.
  Eisvogelweg 1,
  D-91161 Hilpoltstein
  lbv.de
- BUND (Bund für Umwelt und Naturschutz Deutschland e.V.) – Friends of the Earth Germany
  Kaiserin-Augusta-Allee 5,
  D-10553 Berlin
  bund.net
- Bundesamt für Naturschutz (BfN)
  Konstantinstr. 110,
  D-53179 Bonn
  bfn.de
- Dachverband Biologische Stationen in NRW e.V.
  Küppelstein 34,
  D-42857 Remscheid
  biostationen-nrw.com
- DDA – Dachverband Deutscher Avifaunisten
  An den Speichern 2,
  D-48157 Münster
  dda-web.de/ornitho/
- Deutsche Wildtier Stiftung
  Christoph-Probst-Weg 4,
  D-20251 Hamburg
  deutschewildtierstiftung.de
- Komitee gegen den Vogelmord e. V.
  Bundesgeschäftsstelle
  An der Ziegelei 8,
  D-53127 Bonn
  komitee.de
- BirdLife Österreich – Gesellschaft für Vogelkunde
  Diefenbachgasse 35/1/6,
  A-1150 Wien
  birdlife.at
- | naturschutzbund | Österreich
  Museumsplatz 2,
  A-5020 Salzburg
  naturschutzbund.at
- BirdLife Schweiz
  Wiedingstraße 78,
  CH-8036 Zürich
  birdlife.ch
- Pro Natura
  Dornacherstrasse 192,
  CH-4053 Basel
  pronatura.ch

NATURSCHUTZBEDARF, OPTIK

- SCHWEGLER Vogel- und Naturschutzprodukte GmbH
  Heinkelstraße 35,
  D-73614 Schorndorf
  www.schwegler-natur.de
- Vogel- und Naturschutzbedarf Vivara Naturschutzprodukte
  Postfach 2520,
  D-41312 Nettetal-Kaldenkirchen
  www.vivara.de
- SWAROVSKI-OPTIK AG & Co KG.
  Daniel-Swarovski-Straße 70,
  A-6067 Absam
  swarovskioptik.com
- Hikmicrotech
  hikmicrotech.com/de/outdoor
- SIGMA (Deutschland) GmbH
  Kameras, Objektive, Zubehör
  Carl-Zeiss-Str. 10/2,
  D-63322 Rödermark
  sigma-foto.de
- Canon Deutschland GmbH
  Europark Fichtenhain A10,
  D-47807 Krefeld
  canon.de
- Buteo Photo Gear®
  Part of Benel B.V.
  Buitenvaart 1127a,
  NL-7905 SE Hoogeveen
  buteophotogear.de

HILFREICHE LINKS

- bfn.de/arten
- ebird.org/home
- feldherpetologie.de/atlas/
- ffh-gebiete.de/ffh-arten
- inaturalist.org
- kerbtier.de
- lanuk.nrw.de/fileadmin/lanuv/natur/hygieneprotokoll/Hygieneprotokoll.pdf
- observation.org
- ornitho.de
- naturgucker.de

SOCIAL MEDIA

- @patrickdogvillage
- @wildlife_hkp
- @tobi_pelz
- @mwenner_naturfotografie

EMPFEHLENSWERTE MEDIEN

BÜCHER

- AULAGANIER et al. (2009): Die Säugetiere Europas, Nordafrikas und Vorderasiens. 271 Seiten, Haupt
- BARTHEL, P. H./DOUGALIS, P. (2023): Was fliegt denn da? Das Original. Alle Vogelarten Europas. Extra: Über 188 Vogelstimmen kostenlos mit der KOSMOS-PLUS-App hören. 200 Seiten, KOSMOS
- BÜRGLIN, R. (2022): Die siehst du – Die Tiere um dich herum: Hase, Fuchs & Co. 144 Seiten, KOSMOS
- GEDEON, K. et al (2014): Atlas Deutscher Brutvogelarten. Atlas of German Breeding Birds. Stiftung Vogelmonitoring Deutschland und Dachverband Deutscher Avifaunisten, 800 Seiten, Münster

GROLMS, J. (2021): Die Tierspuren Europas. Spuren und Zeichen bestimmen und interpretieren. Mit Spuren und Zeichen von Säugetieren, Vögeln, Reptilien, Amphibien und Wirbellosen. 816 Seiten, Ulmer

GRIMMBERGER, E. (2017): Die Säugetiere Mitteleuropas. Beobachten und Bestimmen. 695 Seiten, Quelle & Meyer

GÜNTHER, R. (2009): Die Amphibien und Reptilien Deutschlands. 832 Seiten, Spektrum-Akademischer Verlag

HECKER, F. (2023): Tiere und Pflanzen deiner Heimat: Beobachtungstipps für Einsteiger – Beobachte, entdecke und erlebe die Natur um dich herum. Über 500 Arten, 576 Seiten, KOSMOS

KHIL, L. (2020): Handbuch Vögel beobachten. Ausrüstung und Technik, Vorbereitung und Praxis. Alle Vogelstimmen kostenlos mit der KOSMOS-PLUS-App hören. Das umfassende Werk zum Thema Beobachten mit detaillierten Kapiteln zu Technik, Strategie und Bestimmung „schwieriger“ Arten. 304 Seiten, KOSMOS

KHIL, L. (2023): Vögel beobachten. Der praktische Einstieg: Arten finden und unterscheiden lernen. Das Praxisbuch mit vielen Übungen. 128 Seiten, KOSMOS

KWET, A. (2022): Reptilien und Amphibien Europas. 368 Seiten, KOSMOS

LÓPEZ, G. & U. (2024): Moments in Nature. Die Natur ist näher, als du denkst. Entdecke mit uns die Vielfalt der Tierwelt. 240 Seiten, KOSMOS

MISCHITZ, V. (2024): Birding für Ahnungslose. Wie du Vögel in dein Leben lässt. 136 Seiten, KOSMOS

MULLEN, P. & KARWINKEL, F. (2023): Das NABU-Vogelbuch. 315 Vogelarten Deutschlands einfach bestimmen mit über 1000 einzigartigen Fotos. 272 Seiten, KOSMOS

Ophoven, E. (2021): Kosmos Wildtierkunde, 192 Seiten, KOSMOS

SINGER, D. (2022): Was fliegt denn da? Der Fotoband. 346 Vogelarten Europas. Extra: Vogelstimmen und Vogelfilme auf der KOSMOS-PLUS-App. 400 Seiten, KOSMOS

SVENSSON, L. et al. (2023): Der Kosmos-Vogelführer. Alle Arten Europas, Nordafrikas und Vorderasiens. Das Standardwerk für die Bestimmung aller Vogelarten Europas und darüber hinaus. 480 Seiten, KOSMOS

KOSMOS-APPS

Der Kosmos-Vogelführer

Vögel Europas bestimmen – Was fliegt denn da?

REGISTER DER ARTEN

BILDNACHWEIS

20 von **AdobeStock** (AGAMI S. 131 re., Ingo Bartussek S. 27 o., Daniel Dunca S. 130, 131 li., gelilewa S. 179 re., georgigerdzhikov S. 190, Jesus S. 123 o., Henri Koskinen S. 176 u. li., Lothar Lenz S. 194, 197 o. re., Alexander Limbach S. 65 u. li., Markus S. 105 o., Mathias S. 105 u., Michaela S. 45 li., SimonJohannes S. 72 o., Tim's insects S. 196 u. li. beide, Benny Trapp S. 151, 155 u., wildmedia S. 27 mi.), 6 von **Heiko Bellmann/ Frank Hecker** (S. 183 o. li., 183 o. re., 184, 185 u., 189 li., 196 o.), 3 von **Wolfgang Buchhorn/Frank Hecker** (S. 107 o. li., 157 o., 157 u. re.), 24 von **Frank Hecker** (S. 22 u. li., 48, 50, 58 o., 90 o., 91 o. mi., 144, 145 u., 147 o., 155 o. re., 158, 161 o. li., 168, 174 o., 176 o. li., 176 o. re., 177 o. li., 177 u. re., 181 beide, 185 o. li., 187 o., 188, 189 re., 196 u. re.), 1 von **Manfred Höfer** (S. 91 o. li.), 14 von **Marius Holtkamp** (S. 91 o. li., 11 o. li., 11 u., 14, 29 u., 51 o., 93 re., 106 u., 110 o., 110 u., 113 o. re., 115 u. re., 120 u., 137 re., 191), 1 von **Gabriele Hundorf** (S. 129 u. re.), 1 von **Jürgen Hundorf** (S. 129 u. li.), 69 von **Patrick Hundorf** (S. 2, 4, 8, 26 u., 29 o. re., 31 o., 32/33 alle 4, 35, 36, 37 o. li., 38 u., 41 u., 42/43 beide, 44 beide, 46/47 alle 3, 51 u., 53, 55, 56, 57 li., 62/63 alle 3, 64, 65 o., 65 u. re., 67 o., 67 u. li., 69, 76/77 alle 3, 78, 79 o., 80, 81 beide, 83 u., 88 o., 92, 94, 95 re., 96, 97 li., 103 mi. re., 107 o. re., 109 u. mi., 111 re., 115 u. li., 124 u., 125, 133 o., 135 re., 164, 166 o., 171 re., 176 u. re., 178, 182, 183 u., 187 u. li., 187 u. re., 201, 203), 22 von **iStock** (alex_1910 S. 175 o., Andyworks S. 71 u., 126, baiajaku S. 174 u., Catherine Bridevaux S. 129 o., Neil_Burton S. 41 o., Callingcurlew23 S. 61 o., Dee Carpenter S. 61 u. re., Denja1 S. 89 o., Dmitry Deshevykh S. 108 u. re., Mathias Elle S. 68. u., EyeEm Mobile GmbH S. 70 o., Gannet77 S. 74 o., Imgorthand S. 23 u., Aleksander Jaksic S. 40/41, Volodymyr Kucherenko S. 127 re., Wayne Marinovich S. 71 o., MikeLane45 S. 70 u., Neil_Burton S. 21 o. re., Stefan Rotter S. 72 u., tenra S. 175 u., WitR S. 145 o.), 1 von **Leander Khil** (S. 109 u. re.), 1 von **Dorothee Luka** (S. 103 mi. li.), 1 von **Helma Mensing** (S. 142), 11 von **Rebecca Meßner** (S. 5 u. re., 9, 11 o. re., 16 o., 16 u., 19 o., 19 u., 22 u. re., 61 u. li., 157 u. li., Tipp-Kreisbild), 1 von **Nicolas Nierling** (S. 103 o.), 63 von **Tobias Pelz** (S. 5 o., 5 u. li., 24/25, 27 u., 29 o. li., 45 re., 57 re., 66 o., 66 u., 75 re., 79 u., 84, 85 alle 3, 88 mi., 89 mi. o., 89 mi. u., 89 u., 91 u. li., 93 li., 95 li., 97 re., 99 alle 3, 107 u., 108 o., 108 u. li., 109 o. li., 109 o. mi., 109 o. re., 109 u. li., 111 li., 114, 115 o., 120 o., 121, 123 u., 137 li., 138, 139 o., 139 mi., 141 o. re., 141 u., 150, 152, 154, 155 o. li., 160, 162 u., 165 re., 167 o., 169 beide, 170 beide, 171 li., 173 re. u., 180, 192, 198/199), 1 von **Timo Pfaff** (S. 83 o.), 53 von **Pixabay** (3centista S. 162 o., Angela S. 15 o., Anja S. 177 u. mi., Daniel Bahrmann S. 139 u., Hans Benn S. 161 u., Zhu Bing S. 88 u., Alicia Chant S. 67 u. re., Dany S. 143 li., Henri Degrande S. 39 o., Dani Egli S. 193 u., Björn Eichenauer S. 185 o. re., fokustier S. 15 u., Franz W. S. 21 o. li., 68 o., Andreas Glöcknet S. 141 o. li., Dan Grignon S. 37 u. li., Hans S. 177 o. re., 193 o., hrw1973 S. 59, Heinz Hummel S. 143 re., Inhaltslizenz S. 134, 135 li., Michal Jarmoluk S. 23 o., jmarti20 S. 197 u. li., Rafal Jodlowski S. 167 u., Jürgen S. 197 u. mi., 197 u. re., Erik Karits S. 12, 21 u., Marcel Kessler S. 195 beide, Lars S. 166 u., Andreas Lischka S. 39 u., M. S. 74 u., Monika S. 197 o. li., Nature-Pix S. 91 o. re., Diana Parkhouse S. 30, Premek Hajek S. 26 o., Onkel Ramirez S. 159, Bernhard Rauch S. 153 o. re., Michal Renčo S. 38 o., Manfred Richter S. 161 o. re., saguari S. 153 o. li., E. Schaarschmidt S. 31 u., Heiko Stein S. 127 li., TheOtherKev S. 133 u., TheUjulala S. 165 li., Wolfgang Vogt S. 179 li., Steffen Wachsmuth S. 37 o. re., Howard Walsh S. 75 li., Monica Max West S. 58 u., winterseitler S. 177 u. li., Ivan Zwach S. 149 re.), 2 von **Mathias Schäf** (S. 91 u. re., 106 o.), 5 von **Shutterstock** (Jesus Cobaleda S. 49, JaklZdenek S. 153 u. li., nojafoto S. 73, W. de Vries S. 147 u., Bildagentur Zoonar GmbH S. 122), 26 von **Martin Wenner** (S. 6, 86, 87 beide, 98, 100/101 alle 3, 103 u., 112, 113 li, 113 u. re., 116, 117 li., 117 re., 118/119 beide, 124 o., 132, 136, 148 beide, 149 li., 172, 173 li., 173 re. o.), 1 von **Klaus Wernicke** (S. 90 u.), 1 von **Konrad Wothe** (S. 104).

IMPRESSUM

Mit 330 Farbfotos, siehe Bildnachweis auf Seite 205.
Mit 69 Vogelstimmen von **Jean C. Roché** auf der KOSMOS-PLUS-App.

Umschlag- und Klappengestaltung von **Gramisci Editorial Design (Isabelle Fischer)**, München, unter Verwendung folgender Abbildungen:
Umschlagvorderseite: Luchs von **Patrick Hundorf**, Autorenfoto von **Rebecca Meßner**, drei Zeichnungen von **Isabelle Fischer** (Schmetterling, Hase, Reh)
Umschlagrückseite: Rohrweihe und Murmeltier von **Patrick Hundorf**
Außenklappen: Rothirsch von **Tobias Pelz** (vorn), Autorenfoto von **Rebecca Meßner** (hinten)
Innenklappen: Die Fotos auf der vorderen Innenklappe und auf Seite 1 stammen aus dem Innenteil des Buches (siehe Bildnachweis auf Seite 205).

Gedruckt auf chlorfrei gebleichtem Papier

FSC www.fsc.org
MIX
Papier | Fördert gute Waldnutzung
FSC® C110508

Pfizerstraße 5-7, 70184 Stuttgart
kosmos.de/servicecenter

ISBN: 978-3-440-18179-9
Redaktion: Stefanie Tommes, Lisa Hummel
Gestaltungskonzept: Gramisci Editorial Design, München, angepasst durch Claudia Adam, Bad Kreuznach
Gestaltung und Satz: TEXT & BILD, Michael Grätzbach, Kernen i. R.
Produktion: Markus Schärtlein
Druck und Bindung: Westermann Druck Zwickau GmbH, Zwickau
Printed in Germany / Imprimé en Allemagne

DATING-KALENDER

Diese Übersicht verrät dir auf einen Blick, wann du die Arten, die im Buch vorgestellt werden, am besten beobachten kannst. Die Paarungszeit und die Zeit der Brut- und Jungenaufzucht ist nur dann angegeben, wenn sie auch eine gute Beobachtungszeit ist. Vor allem die großen Säugetiere führen ihre Jungtiere meist über viele Monate. Zur besseren Übersichtlichkeit sind diese Zeiträume hier nicht gekennzeichnet.

ART	AKTIVITÄT	SEITE	CODE	JAN	FEB	MAR	APR	MAI	JUN	JUL	AUG	SEP	OKT	NOV	DEZ
Säugetiere															
Reh	🌅 ☾ ☼	26	001												
Rothirsch	🌅 ☾ ☼	30	002												
Elch	🌅 ganztags	36	003												
Wildschwein	🌅 ☾	38	004												
Gams	☼	42	005												
Steinbock	☼	44	006												
Luchs	🌅 ☾	46	007												
Wildkatze	🌅 ☾	48	008												
Wolf	🌅 ☾	50	009												
Rotfuchs	🌅 ☾	56	010												
Dachs	🌅 ☾	58	011												
Fischotter	🌅 ☾	62	012												
Kegelrobbe	☼	64	013												
Seehund	☼	66	014												
Feldhase	🌅 ganztags	68	-												
Schneehase	🌅 ☾	70	-												
Feldhamster	🌅 ☾	72	-												
Biber	🌅 ☾	74	015												
Murmeltier	☼	76	016												